创意编绳饰品技法大全

创意

编

绳

饰品

技法大全

陈 瑶 编著

浙江科学技术出版社

前 言 Preface

编绳历史悠久，从旧石器时代的缝衣打结、汉朝的礼仪记事、清朝流行的民间艺术逐渐演变而来。编成的结，因其外观对称精致，符合中国传统装饰的习俗和审美观念，故称为"中国结"。

中国结有着复杂美妙的曲线，却又可以还原成最纯粹、最简单的二维线条，因为其每一个结都是用一根或数根丝线编制而成，它身上所展示的情致与智慧正是中华古老文明的缩影。

现代的中国结取材简单多样，玉线、股线、金线、跑马线、扁带，甚至是棉线、尼龙线等均能用来编结。不同质地和颜色的线，可以编出风格、形态与韵致各异的结。把不同的结组合起来，或者搭配上珠子、玉石、陶瓷等配件，便能编制出造型独特、寓意深刻、内涵丰富的中国传统吉祥装饰品。

本书共介绍了38款创意新颖、操作简单的结式供读者们学习。本书共分为五个部分，第一部分介绍了编绳的由来、定义、特点等基础知识；结艺部分介绍了编织中国结的材料、配件、工具和编结技法；饰品实际操作部分包括了手绳、项链、饰物，并配有生动有趣的文字解说；日常生活配饰部分介绍了古典饰物以及不同场合、风俗民情的不同配饰搭配；最后一部分则选取了一些编制优美的成品与您一同欣赏，只愿能令您赏心悦目。

目 录 Contents

Part 4 "编" 入日常生活

Part 5 编绳饰品的欣赏与品鉴

Part 1
中国古老的
编绳艺术

编绳技法的由来与定义

从绳文化说开去

绳与"神"谐音，通常人们将内心的期盼寄予此，寓意美好的征兆。这种古老的编织艺术从老祖先的"结绳记事"开始，即用绳子打结的方法来记下重要的事情。虽是简单的绳子，但却伴随中华的千古历史，演变出了各种各样的编绳技法。它有着复杂美妙的曲线，却可以还原成最简单的二维线条，而编绳艺术也由此而生。

唐代的飘逸，宋代的雅气，明代的谨慎，清代的华丽，都渗入到了编织品上。唐宋时期，中国结被大量地运用在服饰上。明清时期，中国结的技艺发展到了更高的水平，在许多日常生活用品上都有中国结，如窗帘、彩灯、镜框、香袋等，都能看到样式繁多、色彩丰富的花结装饰品。

什么是绳结

结是什么？结是中国护身符文化所指的符。《中国护身符》中写到："所有符都是祛邪镇妖，保佑平安的，中国结也不例外。符与象形文字也有相通共性的地方，就是都能传递信息，所以中国结是传递情感的文化。"众多绳结作品皆源自具有浓郁特色的中国结。

纵观中华服饰五千年的历史，从先民用绳结盘曲成"S"形饰于腰间始，历经了周的"绶带"，南北朝的"腰间双绮带，梦为同心结"，到盛唐的"披帛结绶"、宋的"玉环绶"，直至明清旗袍上的"盘扣"及传世的荷包、香囊、玉佩、扇坠、发簪等，无不显示了"结"在中国传统服饰中被应用的历时之久、包罗之广。"绳结"这种具有生命

力的民间技艺也就自然作为中国传统文化的精髓，兴盛长远，流传至今。

编绳艺术历史悠久，与布艺、刺绣等民间工艺一样博大精深，编绳艺术的原材料很简单，但编扎手法十分繁琐，通常，它要由一根绳从头至尾穿梭、缠绕而成，这种首尾相接、始终不断的编扎过程，曾寄托了古时候人们对于生命连绵不绝的希冀，因而，编绳作品虽朴实稚气却蕴含着祈福、旺运的美好愿望。

中国结年代久远，其历史贯穿于人类史始终，漫长的文化沉淀使得中国结渗透着中华民族特有的、纯粹的文化精髓，富含着丰富的文化底蕴。中国结变幻多样，且色彩丰富，因其独特而经典的造型，后人给予了其相应的美名，如形似两个古铜钱相连的"双钱结"、形似凤凰尾巴的"凤尾结"、寓意祥瑞美好的"吉祥结"等，都寄予了古代人民对生活的美好祈愿。

绳结最初的每一个结从头到尾都是用一根丝线编结而成，而后又演变出了很多复杂而美丽的结艺，把不同的结饰互相结合在一起，或用其他具有吉祥图案的饰物搭配组合，就形成了造型独特、绚丽多彩、寓意深刻、内涵丰富的中国传统吉祥装饰物品。如"吉庆有余""福寿双全""双喜临门""吉祥如意""一路风顺"等组配，都表达着热烈浓郁的美好祝福，是赞颂以及传达衷心至诚的祈求和心愿的佳作。

编绳入门比较简单，且取材方便，不论是中国风的绳线，时尚的蜡绳、皮绳，还是民族风的麻绳，搭配玉石、蜜蜡、木珠等装饰品，巧加组合利用，就可以编成手绳、脚绳、项链绳、手机绳、包挂等既时尚新潮又美观实用的作品，大件的可作为居家摆设，小件的则可随身佩戴。其中，红绳当仁不让地成为广受欢迎的趋吉辟邪、转运保平安的吉祥物。它不仅是贴身之物，更是贴心之物，蕴含着浓浓的情意，同时也代表着一种牵挂。

也许，在我们的内心深处，始终存在着对红色绳结化不开的情结吧。红绳可以搭配雅致的玉石，或怀旧的银饰，或时尚的水晶，可以单独戴，也可以用来和手链、镯子搭配，还可以在手绳上洒些香水，举手投足与谈笑间飘出的淡淡香气让人心旷神怡，这便是我们始终坚持的风格——低调的奢华，传统的现代。

绳结的特点

◎ 小知识

据《周易·系辞下》载："上古结绳而治，后世圣人易之以书契。"东汉郑玄在《周易注》中道："结绳为约，事大，大结其绳；事小，小结其绳。"可见，在远古的华夏土地，"结"被先民们赋予了"契"和"约"的法律表意功能，同时还有记载历史事件的作用，"结"因此备受人们的尊重。

编绳分类

中国结的编制，大致分为基本结、变化结及组合结三大类，除需熟练掌握的各种基本结的编结技巧外，其他编绳技术均具共通的编结原理，并可归纳为基本技法与组合技法。基本技法是以单线条、双线条或多线条来编结，运用线头并行或线头分离的变化，做出多彩多姿的结或结组；而组合技法是利用线头延展、耳翼延展及耳翼勾连的方法，灵活地将各种结组合起来，完成一组组变化万千的结饰。

中国结与现代生活相结合，已发展成为多个产品，其中主要有两大系列：吉祥挂饰和编结服饰。每个系列又包括多个品种，如吉祥挂饰有：大型壁挂、室内挂件、汽车挂件等；编结服饰有：戒指、耳坠、手链、项链、腰带、古典盘扣、提包、坐垫、腰带、拖鞋等。绳结作品也被广泛应用于生日、喜庆、感恩及益智创意活动中。

◎编绳的阶段分类

绳结发展的历程	绳结的主要运用	介绍
古老文字	辅助工具	绳结曾作为上古时期辅助记忆的工具，也可以说是文字的前生
穿着习惯	服装、玉佩、应用、妇女装饰	与服装、玉佩等各种生活用品相关联，将绳结广泛地运用到生活中
绳结艺术	艺术品、礼品	清代，绳结作为艺术品互赠，其造型多变，编结繁复而经典，是其艺术发展的高峰时期
中国结艺	艺术传承	随着社会形态的改变，部分技艺遗失，重新整理中国结

Part 2
风尚结艺入门

股线：股线有单色和七彩色的，分 3 股、6 股、9 股、12 股、15 股等规格，常用于绕在中国结的结饰上面作装饰，在制作小型的手绳、脚绳、腰带、手机挂绳等小饰物时也较常用。

蜡绳：蜡绳的外表有一层蜡，有多种颜色，是欧美编结常用的线材。

芊绵绳：芊绵绳有美观的纹路，适合制作简易的手绳、项链绳、手机挂绳、包包挂绳等饰品。

麻绳：麻绳带有民族特色，质地有粗有细，较粗的适合用来制作腰带、挂饰等，较细的适合用来制作贴身的配饰，如手绳、项链绳等，这样不会造成皮肤不适。

皮绳：皮绳有圆皮绳、扁皮绳等。此类型的线材可以直接在两端添加金属链扣来使用，也可以改变做出其他的效果。

棉绳：棉绳质地较软，可用于制作简单的手绳、脚绳、小挂饰，适合制作需要表现垂感的饰品。

常用线材

五彩线：五彩线由绿、红、黄、白、黑五种颜色的线织造而成，规格有粗有细，有加金和不加金两种，民间传说，五彩线可开运保平安，还能结人缘、姻缘。五彩线多用来编成项链绳、手绳、手机绳、包包挂绳。

6、7号线：常用于制作手绳等具有中国风的饰品。接合时，可用粘胶进行固定，也可以用打火机进行烧粘接合。

珠宝线：珠宝线有 71、72 号等规格。这种线的质感特别软滑，因为特别细的缘故，多用于编手绳、项链绳及串珠宝，是黄金珠宝店常用的线材之一。

玉线：玉线多用于串编小型挂饰，如手绳、脚绳、手机绳、项链绳、戒指、花卉、包包挂绳。

常用工具

垫板

大头针： 大头针常插在垫板上，结合垫板一起使用，用于编较复杂的结，如盘长结、团锦结。

打火机： 在接线及作品收尾时，多用打火机来完成烧粘，在操作时需注意掌握火焰及烧粘的时间。

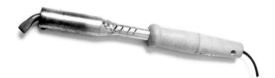

电烙铁： 用于制作中国结线圈的辅助工具。应用时，只需将电烙铁插上电源，然后用电烙铁前端的扁头部分将线的两头略烫几秒，待线头略熔，马上按压，即可对接成线圈。

双面胶： 双面胶一般应用于绕股线。在编手绳、项链绳等小饰品时，常常在线的外面绕上一段较长的股线作装饰，在绕股线之前，只需在线的外面粘上一圈双面胶，然后利用双面胶的粘力，就可以绕出所需的股线长度了。

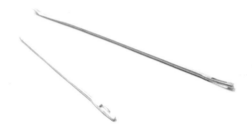

套色针： 比缝纫针粗、长，多用在盘长结、团锦结等结饰上面镶色作装饰。

剪刀： 宜选用刀口锋利的剪刀，用起来会非常顺手。

钩针： 在编盘长结、团锦结等较复杂的结时，钩针可以灵活地在线与线之间完成挑线、钩线的动作。

常用配件

金属配件

玛 瑙

软 陶

贝 壳

水 晶

玉 石

交趾陶

陶 瓷

木 珠

景泰蓝

琉 璃

技 法 通 讲

基础结

穿珠

制作过程

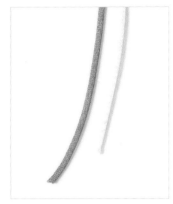

1. 如图，准备两条线。

2. 用打火机将蓝色线的一端略烧几秒，待线头烧熔时，将这条线贴在橘色线的外面，并迅速用指头将烧熔处稍稍按压，使两条线粘在一起。

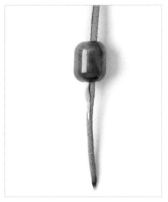

3. 先用橘色线穿过珠子，然后蓝色线也顺利穿过珠子。

制作过程

多条线穿同一颗珠子

1. 先用其中的一条线穿过一颗珠子。

2. 然后穿第二条线。

3. 将第三条线夹在之前穿过的两条线间，然后稍一拖动，第三条线就拖入珠子的孔中了。

4. 用同样的方法使其余的线穿过珠子。

5. 将所有的线合在一起打一个单结。

6. 线尾保留所需的长度，然后将多余的线剪掉。

绕线

制作过程

1. 以一条或数条线为中心线，取一条细线对折，放在中心线的上方。

2. 用细线右侧的线如图围绕中心线反复绕圈。

3. 用细线右侧的线如图穿过对折端留出的小圈。

4. 轻轻拉动细线左侧的线，将细线右侧的线拖入圈中固定。

5. 最后剪掉细线两端多余的线头，用打火机将线头略烧熔后按压即可。

怎样绕一段较长的股线

制作过程

1. 如图，准备一条或两条绳。

2. 剪取一段适当长度的双面胶，将双面胶粘在这条绳线的外面。

3. 另外取一段股线，粘在双面胶的外面，以绳为中心线反复绕圈。

4. 绕至所需的长度即可。

制作过程

单结

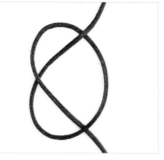

1. 如图，准备一条线。

2. 将线绕转打一个结。

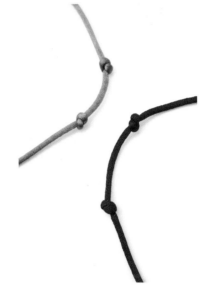

3. 拉紧线的两端。

4. 重复步骤 2、3，即可编出连续的单结。

制作过程

线圈结

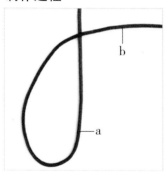

1. 如图，准备一条线。以 a 线为轴，将 b 线置于 a 线上，绕成圈状。

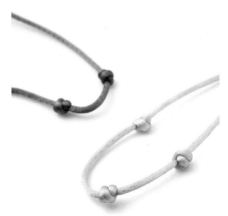

2. 将 b 线从 a 线的下面拉出来，绕 a 线一圈。

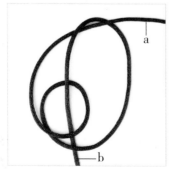

3. b 线再次从 a 线的下面穿出来。

4. 拉紧两端，即可形成漂亮的线圈结。

秘鲁结

制作过程

  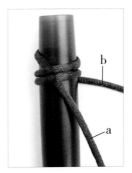 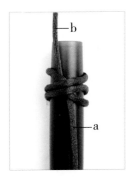

1. 如图，准备一条线。

2. 将线如图绕棍状物一圈。

3. 将a线贴在棍状物上面做轴，用b线再次绕a线一圈或数圈。

4. 将b线从前面做好的两个圈的中间以及a线的下面穿过。

两股辫

制作过程

1. 如图，准备一条线。

2. 取这条线的中心点，用手捏住中心点两端的线，朝同一个方向拧。

3. 线如图自然形成一个圈。

4. 继续将两条线朝同一个方向拧。

5. 线如图自然形成一段漂亮的两股辫。

6. 两股辫拧至合适的长度后，用尾线在两股辫的下端编一个单结或蛇结，以防止两股辫松散。

制作过程

三股辫

1. 如图，准备三条线。

2. 用其中的一条线包住其余的两条线，打一个单结，以固定三条线。

3. 如图，将最左侧的线引入右边两条线之间，用小珠针定位。

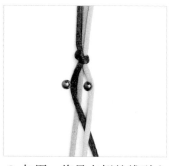

4. 如图，将最右侧的线引入左边两条线之间。

5. 重复步骤 3 的做法。

6. 拉紧三条线。

7. 重复步骤 4 的做法。

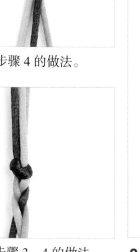

8. 重复步骤 3、4 的做法。

9. 编至合适的长度。

10. 最后用其中的一条线包住其余两条线，打一个单结，以防止三股辫松散。

制作过程

四股辫

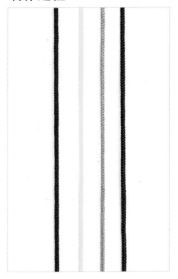

1. 如图，准备四条线。

2. 用其中一条线包住其余的三条线，打一个单结，固定四条线。

3. 如图，用红线左线下、右线上做一交叉。

4. 用黄线于第一个交叉的下面，左线上、右线下做一个交叉。（珠针防止走位）

5. 重复步骤3、4的做法，边编边把线收紧。

6. 编至合适长度后，用一条线包住其余的三条线打一个单结，以防止四股辫松散。

双联结

制作过程

1. 如图，将一条红色线和一条橘色线平行摆放。

2. 用橘色线如图绕一个圈。

3. 将步骤 2 中做好的圈如图夹在左手的食指和中指之间固定。

4. 用红色线如图绕一个圈。

5. 将步骤 4 中做好的圈如图夹在左手的中指和无名指之间固定。

6. 如图，用右手捏住红色线和橘色线的线尾。

7. 线尾如图分别穿入前面做好的两个圈中。
（注意：两条线可以同时穿入各自所形成的圈中，也可以一先一后穿入，先用红色线穿入红色的圈中，再用橘色线穿入橘色的圈中）

8. 拉紧两端。

9. 收紧线，调整好结形即可。

10. 重复前面的做法，即可编出连续的双联结。

制作过程

双翼双联结

1. 如图，将一条线对折。

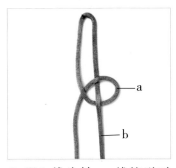

2. 以 b 线为轴，a 线按逆时针方向绕一个圈。

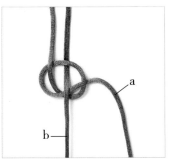

3. a 线穿过圈，打一个单圈结，圈不要收紧，并套住 b 线。

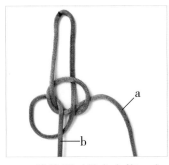

4. b 线按顺时针方向绕一个圈，穿过前面做好的圈。

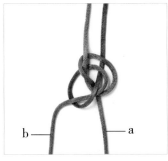

5. b 线同样打一个单圈结。

6. 拉紧两线。

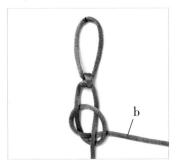

7. b 线以逆时针方向打一个单圈结。

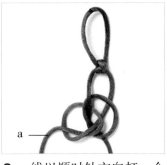

8. a 线以顺时针方向打一个单圈结。

9. 收紧线，调整好结形即可。

10. 重复前面的做法，即可编出连续的双翼双联结。

制作过程

单线纽扣结

1. 如图，准备一条线。

2. 用这条线按逆时针的方向绕一个圈。

3. 用这条线右侧的线如图再绕一个圈，叠放在步骤 2 中形成的圈的上面。

（注意：步骤 2 和步骤 3 中的两个小圈如图叠放，由此就形成了单线纽扣结中心的小圈）

4. 右侧线如图做压、挑，从中心的小圈中穿出来。

5. 右侧线如图压住左侧的线，然后拉向右方。

6. 右侧的线如图挑、压，穿过中心的小圈。

7. 轻轻拉动线的两端。

8. 按照线的走向整理好结形。

9. 重复前面的做法，即可编出连续的单线纽扣结。

制作过程

双线纽扣结

1. 如图，准备一条线。

2. 如图，用这条线在左手食指上面绕一个圈。

3. 如图，用这条线在左手大拇指上面绕一个圈。

4. 如图，取出大拇指上面的这个圈。

5. 将步骤4中取出的圈如图翻转，然后盖在左手食指的线的上方。

6. 用左手的大拇指压住这个圈。

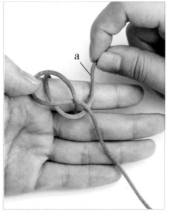

7. 用右手将a线拉向上方。

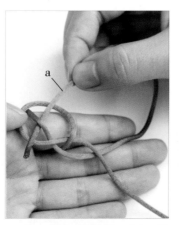

8. 将a线如图做挑、压，从小圈中间的线的下方穿过。

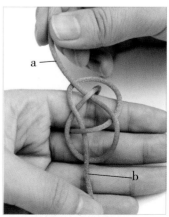

9. 轻轻拉动a、b两端线头。

10. 将结形稍缩小，由此形成一个立体的双钱结。

11. 从食指上取出步骤 10 中做好的双钱结，结形呈现出小花篮的形状。

12. 用其中的一条线如图按顺时针的方向绕过小花篮右侧的提手，然后朝下穿过小花篮的中心。

13. 用另外一条线如图按顺时针的方向绕过小花篮左侧的提手，然后朝下穿过小花篮的中心。

14. 拉紧两端的线，根据线的走向调整好结形。

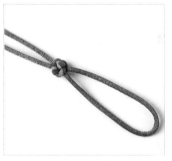

15. 一个漂亮的双线纽扣结就做好了。

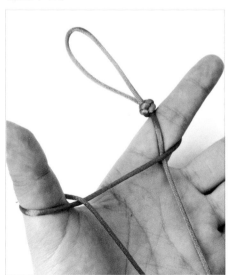

16. 按照步骤 2、3 的做法，用线在左手的食指和大拇指上面各绕一个圈。

17. 依照步骤 4~14 的做法继续完成双线纽扣结接下来的步骤。

18. 重复前面的做法，即可编出连续的双线纽扣结。

制作过程

金刚结

1. 将蓝色的线和橘色的线的一头用打火机略烧之后对接起来。

2. 用蓝色的线如图围着橘色的线绕一个圈。

3. 用橘色的线如图绕一个圈，然后从蓝色的圈中穿出来。

4. 将蓝色的圈和橘色的圈收小。

5. 橘色的线如图绕着蓝色的线穿入蓝色的圈中。

   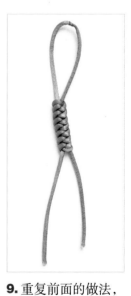

6. 蓝色的线如图穿入橘色的圈中。

7. 橘色的线如图穿入蓝色的圈中。

8. 蓝色的线如图穿入橘色的圈中。

9. 重复前面的做法，即可编出连续的金刚结。（注意：金刚结与蛇结的外形有相似之处，其区别在于，金刚结更厚更密更牢固，并且两头出现双联线，中间部分则与蛇结较相似）

制作过程

蛇结

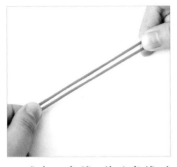

1. 准备一条线，将这条线对折，用左手捏住对折的一端。

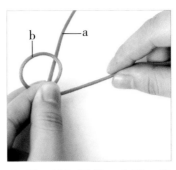

2. 用 b 线如图绕一个圈，将这个圈夹在左手食指与中指之间。

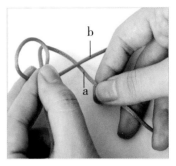

3. a 线如图从 b 线的下方穿过。

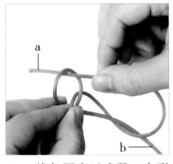

4. a 线如图穿过步骤 2 中形成的圈。

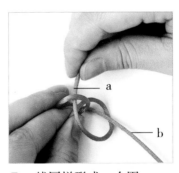

5. a 线同样形成一个圈。

6. 拉紧两端即可形成一个蛇结。

7. 重复步骤 2~5 的做法。

8. 拉紧两条线，由此形成另一个蛇结。

9. 重复前面的做法，即可编出连续的蛇结。

制作过程

雀头结

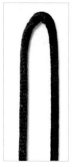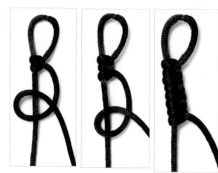

1. 如图，取一条线对折。

2. 以a线为轴，b线如图按顺时针绕一圈。

3. b线如图按顺时针再绕一圈，注意线挑、压的方法。

4. 拉紧b线，把结收紧。

5. 仿照上面的方法可编出连续的雀头结。

制作过程

轮结

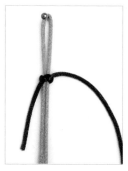

1. 如图，用一条线绕着中心线的上面编一个单结。（注意：线的左侧留出2~3厘米的线头即可，线的右侧要根据具体编织情况留够长度）

2. 将单结拉紧。

3. 将右边的线以顺时针方向绕着中心线转一圈，然后如图穿出来。

4. 将右边的线向右拉紧。

5. 重复步骤3的做法。

6. 拉紧右边的线。

7. 重复前面的做法，即可编出漂亮的螺旋状结形。

斜卷结

制作过程

1. 如图，准备两条线。

2. 橘色线以红色线为中心线，如图在中心线的上面绕一个圈。

3. 拉紧两条线。

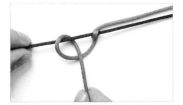

4. 如图，橘色线在中心线的上面再绕一个圈。

5. 再次拉紧两端，由此完成一个斜卷结。

6. 橘色线如图绕一个圈。

7. 拉紧左右。

8. 橘色线再次绕一个圈。

9. 拉紧左右，由此又完成一个斜卷结。

制作过程

在中心线的上面再加一条线的方法

1. 如图，取一条粉色线十字交叉放在红色线（中心线）的下面。

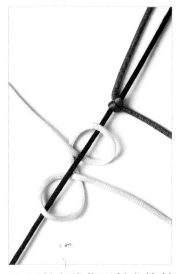

2. 用粉色线依照斜卷结制作步骤 2~5 的方法编一个斜卷结。

3. 拉紧粉色的两端即可。

制作过程

连续编斜卷结

1. 如图，准备两条线，将黄色线放在红色线的下方。

2. 黄色线以红色线为中心线，如图在中心线的上面绕一个圈。

3. 拉紧黄色线的两端。

4. 如图，用黄色线的下端在步骤2中形成的圈的右边再绕一个圈。

5. 拉紧黄色线的两端，由此形成一个斜卷结。

6. 在红色线的下方再增加一条红色线，黄色线放在第二条红色线的下方。

7. 黄色线以第二条红色线为中心线，在这条中心线的上面如图编一个斜卷结。

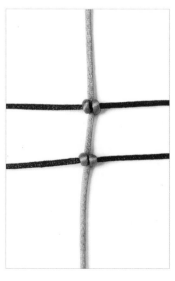

8. 拉紧黄色线，调整好结形即可。

制作过程

左右结

1. 如图，准备两条线，并编一个双联结。将橘色线放在红色线的上面。

2. 如图，橘色线围着红色线绕一个圈。

3. 拉紧橘色线。

4. 红色线放在橘色线的上面。

5. 如图，红色线围着橘色线绕一个圈。

6. 拉紧红色线。

7. 重复前面的做法，即可编出连续的左右结。

制作过程

凤尾结

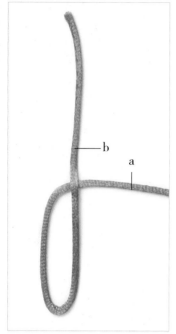

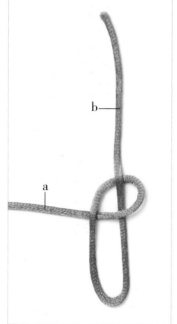

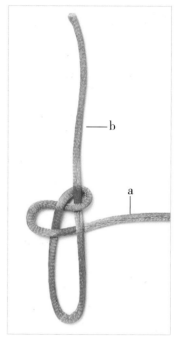

1. 用 a、b 线绕出一个圈。

2. a 线以压、挑 b 线的方式，向左穿过线圈。

3. a 线如图做压、挑，向右穿出线圈。

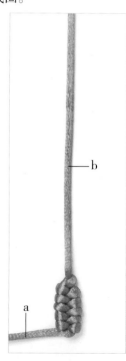

4. 重复步骤2的做法。

5. 编结时按住结体，拉紧 a 线。

6. 重复前面的做法编结。

7. 最后向上收紧 b 线，把多余的 a 线剪掉，处理好线头即可。

变 化 结

制作过程

圆形玉米结

1. 如图，将两条线呈十字交叉叠放。

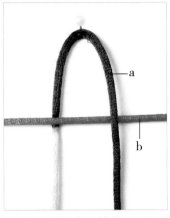

2. 将 a 线放在 b 线的上面。

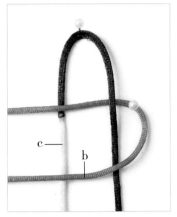

3. 将 b 线放在 c 线的上面。

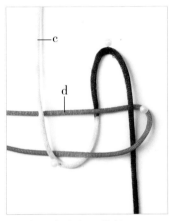

4. 将 c 线放在 d 线的上面。

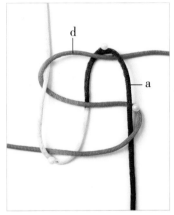

5. 将 d 线穿过 a 线形成的圈。

6. 均匀用力拉紧四个方向的线。

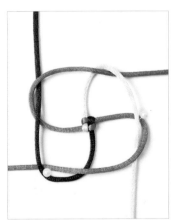

7. 如图，将四个方向的线按顺时针的方向挑、压。

8. 重复前面的做法，即可编出圆形玉米结。

9. 如果加入中心线，四个方向的线围绕中心线用同样的方法编结。

方形玉米结

制作过程

1. 如图，准备两条线，将两条线呈十字交叉叠放。

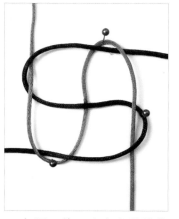

2. 如图，将四个方向的线按顺时针方向挑、压。

3. 拉紧四个方向的线。

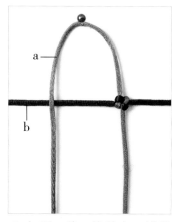

4. 如图，将 a 线放在 b 线的上面。

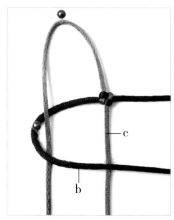

5. 将 b 线放在 c 线的上面。

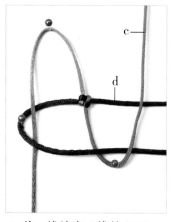

6. 将 c 线放在 d 线的上面。

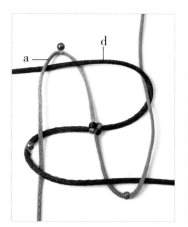

7. 将 d 线穿过 a 线形成的圈。

8. 拉紧四个方向的线。

9. 重复步骤 2~8 的做法，即可编出方形玉米结。

制作过程

同心结

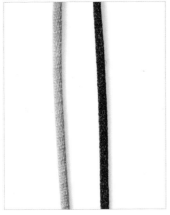

1. 如图，准备两条线。

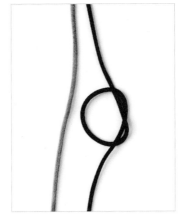

2. 如图，用右边的红色线按顺时针方向绕一个圈。

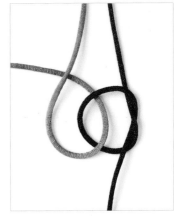

3. 用左边的黄色线穿过右边形成的圈。

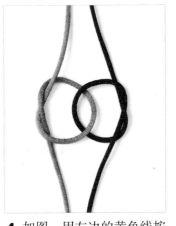

4. 如图，用左边的黄色线按逆时针方向绕一个圈。

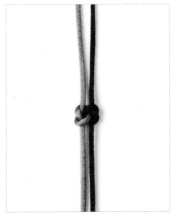

5. 拉紧两端的线。

6. 依照步骤 2~4 的做法，用两条线分别绕一个圈。

7. 拉紧线。

8. 重复前面的做法，即可编出连续的同心结。

制作过程

万字结

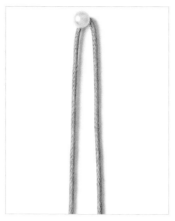

1. 如图，准备一条线。

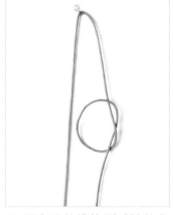

2. 用右边的线按顺时针的方向绕一个圈。

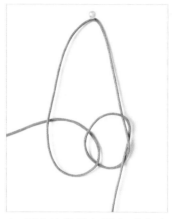

3. 用左边的线如图穿过右边形成的圈。

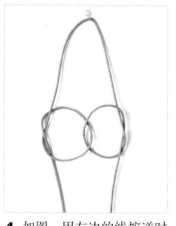

4. 如图，用左边的线按逆时针的方向绕一个圈。

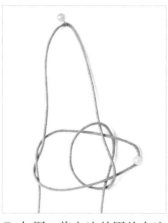

5. 如图，将左边的圈从右边的圈中拉出来。

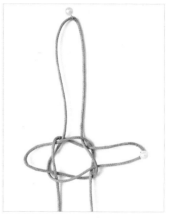

6. 如图，将右边的圈从左边的圈中拉出来。

7. 拉紧左右的两个耳翼，由此完成一个万字结。

8. 重复前面的做法，即可编出连续的万字结。

制作过程

单向平结

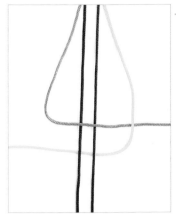

1. 如图，准备四条线，将两条中心线置于两条编绳的中间。

2. 左边的编绳放在中心线的上面，右边的编绳放在左边编绳的上面。

3. 右边的编绳从中心线的下面穿过，拉向左边。

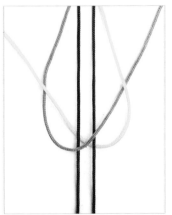

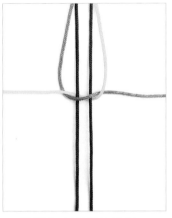

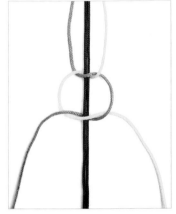

4. 右边的编绳从左边形成的圈中穿出。

5. 拉紧左右两侧的编绳。

6. 两侧的编绳重复步骤2~5的做法。

（注意：先走左边的编绳，再走右边的编绳，左边的编绳在中心线的上面编结，右边的编绳在中心线的下面编结）

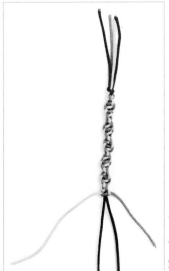

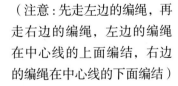

7. 重复步骤2~6的做法，即可编出连续的单向平结。

制作过程

双向平结

1. 如图，准备四条线，将两条编绳放在两条中心线的两侧。

2. 米色编绳放在中心线的上方、蓝色编绳的下方。

3. 蓝色编绳向下穿过中心线，从左侧形成的圈中穿出来。

4. 拉紧左右的两条编绳。

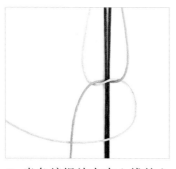

5. 米色编绳放在中心线的上方、蓝色编绳的下方。

6. 蓝色编绳向下穿过中心线，从右侧形成的圈中穿出来。

7. 拉紧左右的两条编绳，形成左上双向平结。然后依照步骤 2、3 的方法继续编结。（注意：左上双向平结的走法是先走米色编绳，再走蓝色编绳。米色编绳在中心线的上方编结，蓝色编绳在中心线的下方编结）

8. 拉紧左右的两条编绳。

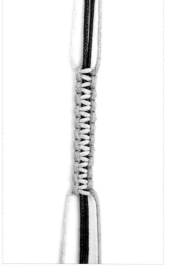

9. 重复前面的做法，即可编出连续的双向平结。（注意：编几次平结后，用手捏住中心线，往上轻轻推紧，使平结紧密）

制作过程

双绳扭编

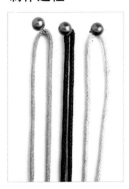

1. 如图，准备三条线，两侧为编绳，中间为中心线。

2. 将一条编绳放在中心线的下面，然后如图打一个单结。

3. 左右两侧均匀用力，拉紧单结。

4. 加入另一条编绳，用同样的方法打一个单结。

5. 拉紧单结。

6. 将米色编绳如图拉向上方，蓝色编绳的左侧线放在米色编绳的上面，蓝色编绳的右侧线放在米色编绳的下面，由此开始进行左上双绳扭编。

7. 蓝色编绳的左侧线如图放在中心线的上面。

8. 蓝色编绳的右侧线如图向下穿过中心线，穿过左侧形成的圈。

9. 拉紧蓝色编绳。

10. 将蓝色编绳拉向上方，米色编绳的左侧线放在蓝色编绳的下面，米色编绳的右侧线放在蓝色编绳的上面，由此开始进行左上双绳扭编。

11. 米色编绳的左侧线放在中心线的上面。

12. 米色编绳的右侧线如图向下穿过中心线，穿过左侧形成的圈。

13. 拉紧左右两头线。

14. 将米色编绳拉向上方，蓝色编绳的左侧线放在米色编绳的上面，蓝色编绳的右侧线放在米色编绳的下面。

15. 蓝色编绳的左侧线在中心线的上面编结，蓝色编绳的右侧线在中心线的下面编结。

16. 拉紧蓝色编绳两头线。

17. 将蓝色编绳拉向上方，米色编绳的左侧线在中心线的上面编结，米色编绳的右侧线在中心线的下面编结。

19. 在编几次结以后，用手捏住中心线，轻轻推动结体，使结之间的间隙更均匀。

18. 拉紧米色编绳两头线。

20. 连续编结至合适的长度即可。

制作过程

十字形扭编

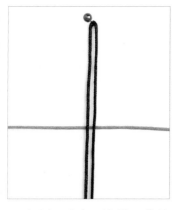

1. 如图，准备两条线，将蓝色编绳放在中心线的下方。

2. 如图，用蓝色编绳绕着中心线编一个单结。

3. 如图，将单结的结扣朝向内侧。

4. 另外准备一条米色编绳，依照步骤2中的方法编一个单结。

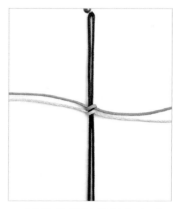

5. 同样将单结的结扣朝向内侧。

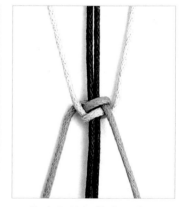

6. 将米色编绳拉向上方，蓝色编绳的左侧线放在米色编绳的下方，蓝色编绳的右侧线放在米色编绳的上方。

7. 蓝色编绳的右侧线放在中心线的上方、蓝色编绳左侧线的下方。

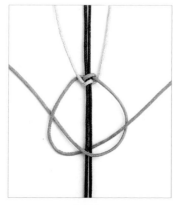

8. 蓝色编绳的左侧线向下穿过中心线，向右穿过右侧形成的圈。

9. 拉紧蓝色编绳两头线。

10. 将蓝色编绳如图拉向上方，米色编绳的左侧线放在蓝色编绳的上方，米色编绳的右侧线放在蓝色编绳的下方。

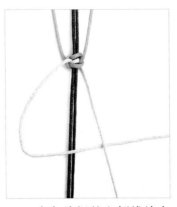

11. 米色编绳的左侧线放在中心线的上方、米色编绳右侧线的下方。

12. 米色编绳的右侧线向下穿过中心线，向左穿过左侧形成的圈。

13. 拉紧米色编绳两头线。

14. 将米色编绳拉向上方，蓝色编绳的左侧线放在米色编绳的下方，蓝色编绳的右侧线放在米色编绳的上方。

15. 蓝色编绳的右侧线在中心线的上方编结，蓝色编绳的左侧线在中心线的下方编结。

16. 拉紧蓝色编绳两头线。

17. 重复步骤10~16的做法，即可呈现出十字形扭编。

制作过程

七宝结

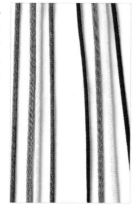

1. 准备八条线，如图平均分成左右两组。

2. 如图，用左边的一组线编一次平结。

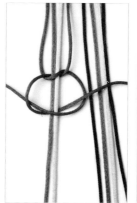

3. 如图，用左边的一组线再编一次平结。

4. 拉紧两条线，如图完成一个左上双向平结。

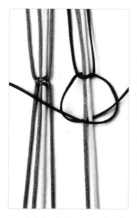

5. 用右边的一组线编一个左上双向平结。

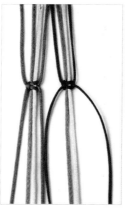

6. 拉紧两条线。

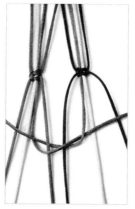

7. 如图，以中间的四条线为一组，编一次平结。

8. 如图再编一次平结。

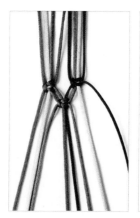

9. 拉紧两条线，如图完成一个左上双向平结。

10. 用左边的四条线再编一个左上双向平结。

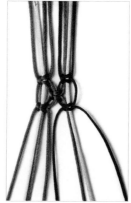

11. 用右边的四条线再编一个左上双向平结。

12. 重复前面的做法，即可编出七宝结。

制作过程

吉祥结

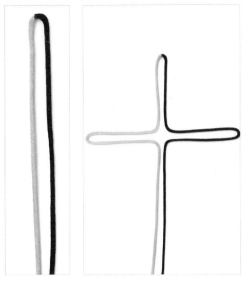

3-1

3-2

3-3

3-4

1. 如图，准备一条线。

2. 如图，左右各拉出一个耳翼。

3. 取一耳翼向右压相邻的耳翼。

（注意：逆时针方向相互挑压，以任意一耳翼起头皆可）

4. 拉紧结体。

5. 调整好结形。

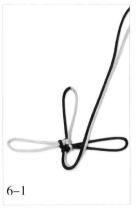

6-1

6-2

6-3

6. 重复步骤 3 的做法。

7. 拉出耳翼，调整成形即可。

（注意：外耳翼不能太小，以免松脱）

藻井结

制作过程

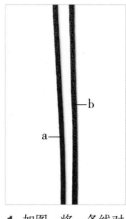

1. 如图，将一条线对折，形成a、b线。

2. 用a、b线编一个松松的单圈结。

3. 在下面再连续编三个单圈结。

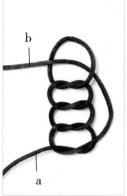

4. b线如图向上穿。

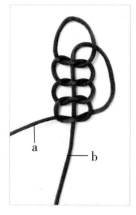

5. b线再向下从四个单结的中间穿过。

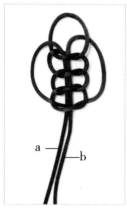

6. a线同样从四个结的中间穿过。

7. 最下面的左圈从前面往上翻，最下面的右圈从后面往上翻。

8. 把上面的线收紧，留出下面的两个圈。

9. 最下面的左圈和最下面的右圈依照步骤7的方法，再向上翻一次。

10. 收紧结体即可。

制作过程

攀缘结

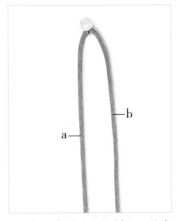

1.将一条线如图对折，形成a、b线。

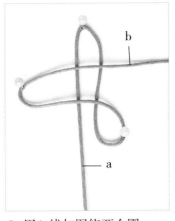

2.用 b 线如图绕两个圈。

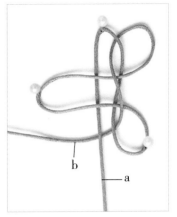

3. b 线如图穿过两个圈，然后从 a 线的下方穿过。

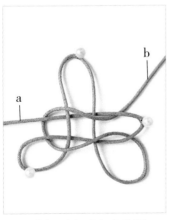

4. b 线如图穿过右边的圈。

5.拉紧两端的线，调整好三个耳翼的大小，由此形成一个攀缘结。

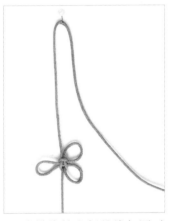

6.将攀缘结右侧的线如图对折，准备继续编一个攀缘结。

7.依照步骤 2~5 的做法，再编一个攀缘结。

8.重复前面的做法，即可编出连续的攀缘结。

制作过程

酢浆草结

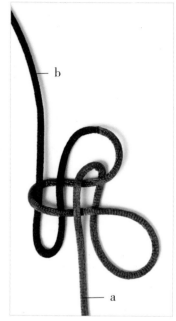

1. 如图,将 a 线做两个套。 (注意:线头对折处叫做 "套",套与套之间的弧度 叫做 "耳")

2. 第二套进到第一套中。

3. b 线做第三个套,进到第 二套中。

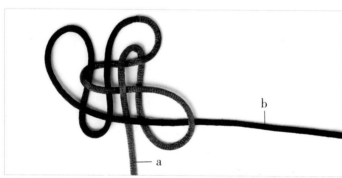

4. b 线进到第三套中,包住第一套。

5. b 线从第三套中穿出。

6. 拉紧三个耳翼,调整成形 即可。

单线双钱结

制作过程

1. 如图，准备一条线。

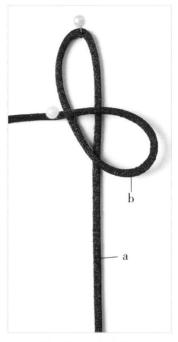

2. 如图，用 b 线按逆时针方向绕一个圈。

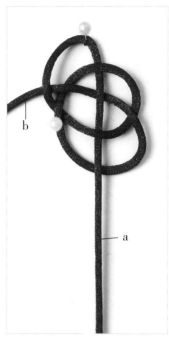

3. b 线如图做挑、压。

4. 调整好结形。

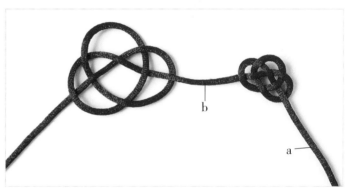

5. 用 b 线继续编一个双钱结。

6. 重复前面的做法，即可编出连续的双钱结。

制作过程

双线双钱结

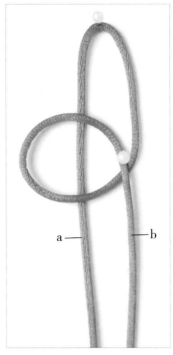

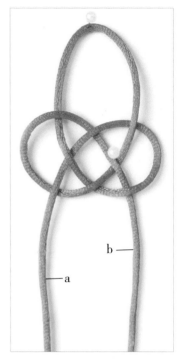

1. 如图，准备一条线。

2. 如图，用 b 线按顺时针方向绕一个圈。

3. a 线如图做挑、压，按逆时针方向绕一个圈。

4. 拉紧左右两头线，由此完成一个双钱结。

5. 用下面两头线依照步骤2~4的做法再编一个双钱结。

6. 重复前面的做法，即可编出连续的双钱结。

制作过程

一回盘长结

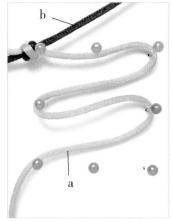

1. 如图，用八根大头针在垫板上插一个方形。

2. 用一个双联结作开端。

3. 用 a 线走四行横线。

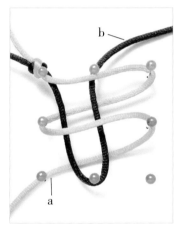

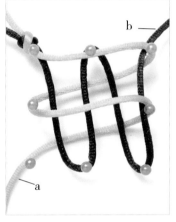

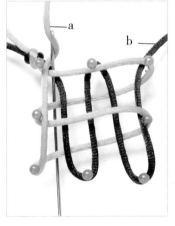

4. b 线挑 a 线的第一、第三行，走两行竖线。

5. b 线依照步骤 4 的方法，再走两行竖线。

6. 钩针从四行横线的下面伸过去，钩住 a 线。

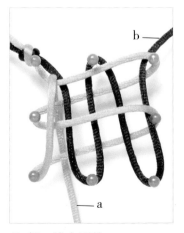

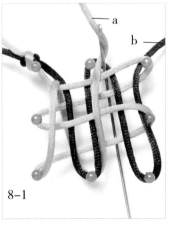

8-1

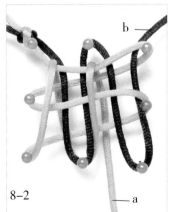

8-2

7. 把 a 线向下钩。

8. a 线依照步骤 6、7 的做法，一来一回走两行竖线。

47

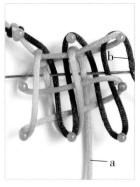  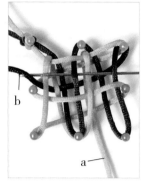 

9.钩针挑两线，压一线，挑三线，压一线，挑一线，钩住 b 线。

10.把 b 线向左钩。

11.钩针挑第二、第四行 b 竖线，钩住 b 线。

12.把 b 线向右钩。

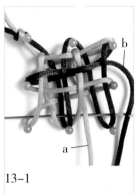 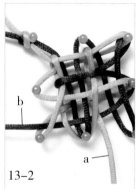 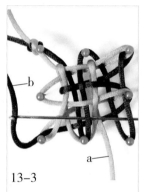 

13-1　　　　13-2　　　　13-3　　　　13-4

13.钩针挑第二、第四行 b 竖线，钩住 b 线，一来一回走两行横线。

14.从大头针上取出结体。

15.确定并拉出六个耳翼，调整好结形，最后在下面打一个双联结固定即可。

制作过程

八耳团锦结

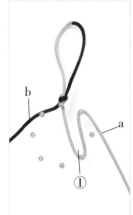

1. 如图，先走a线，在大头针上绕出内①。

2. 绕出内②。

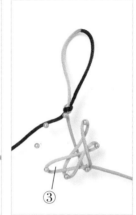

3. 绕出内③。

4. 绕出内④。

5. 接下来走b线，绕出内⑤。

6. 绕出内⑥。

7-1

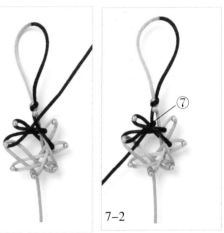

7-2

7. 绕出内⑦。

8-1

8-2

8. 绕出内⑧。

9. 从大头针上取出结体，调整耳翼，收紧内耳，最后在尾线处打一个双联结，使结体固定即可。

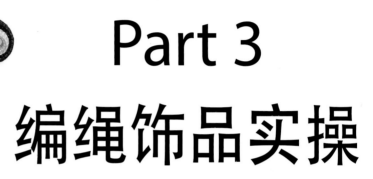

Part 3
编绳饰品实操

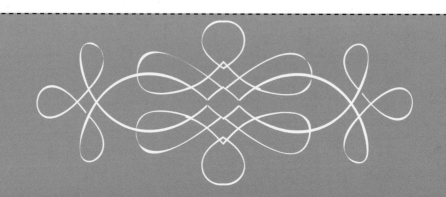

炫彩趣味手绳

微波粼粼

风尚物语：

在这款手链中，三条平行的粗绳如波浪起伏着，将美丽无限延伸，款式设计独特，时尚又大方。

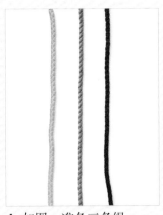

1. 如图，准备三条绳。

2. 另外取两条 A 玉线绑在三条绳的上端。

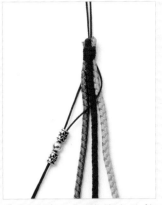

3. 把两条 A 玉线从右边拉向左边，包住三条绳，并同穿三颗珠子作装饰。

制作过程

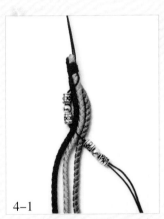

4-1

4-2

4. 仿照步骤 3 的做法，使三条绳呈现出此起彼伏的波浪形态。

5. 然后将这两条 A 玉线绑在三条绳的下端。

7-1

7-2

6. 另外加一条 A 玉线进来，包住四条线打平结。

7. 最后用两条尾线穿珠子收尾。

「财」貌双全

制作过程

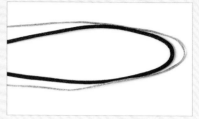

1. 如图，准备一条红线和一条芋绵线。

2. 将这两条线合在一起，用手指捏住两端，两端朝相反的方向拧，如图拧成一束。

3. 将线从中间处对折，由此拧成一段两股辫。

4. 将两股辫拧至合适的长度。

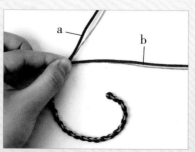
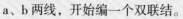

5. 捏住两股辫的尾端，如图形成a、b两线，开始编一个双联结。

6. 如图，右手拿着b线做一个圈，然后将这个圈夹在左手的食指和中指之间固定。

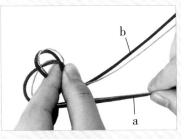

7. 右手拿着 a 线做一个圈，然后将这个圈夹在左手中指和无名指之间固定。

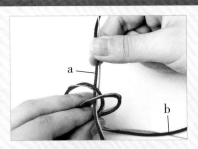

8. 如图，将 a 线从两个圈中穿出来，拉向上方。

9. 如图，将 b 线从右边的圈中穿出来，同样拉向上方，完成一个双联结。

10. 将双联结的线收紧，处理好芊绵线与红线，调整好结形。

11. 用双联结下端的线在左手的食指和大拇指上面做两个圈，开始编一个纽扣结。

12. 制作好纽扣结。

13. 调整好纽扣结的结形，在收线的时候注意让芊绵线始终跟着红线的方向走。

14. 用剪刀将纽扣结下端多余的线剪掉。

15. 如图，另准备一段芊绵线，用这条芊绵线向下穿过手绳，然后穿入一个陶瓷招财猫吊坠。

16. 在招财猫的下端用芊绵线制作一个纽扣结。

17. 将芊绵线多余的尾线剪掉，这样，一款漂亮的手绳就做好了。

风尚物语：

红色给人喜气，金色带来财运，加上招财猫的寓意，这款手绳象征着财运亨通，喜气洋洋，给生活带来美好的希望。

望风响应

1. 如图，准备一条红色的细线，穿过两个小铃铛，然后用b线绕一个圈，开始编一个蛇结。

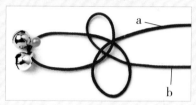

2. 如图，用a线绕一个圈。

3. 将蛇结收紧。

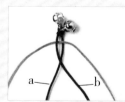

4. 将a线放在b线上面做一个交叉，然后在a、b线之间放一根芊绵线，开始编四股辫。

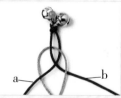

5. 左侧的芊绵线如图挑a线，右侧的芊绵线如图压b线，然后在中间做一个交叉。

6. 芊绵线和红线依照前面的做法交叉。

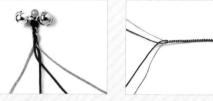

7. 将四股辫编至合适的长度。

8. 在四股辫的下端连续编两个蛇结。

9. 将多余的芊绵线剪掉。

10. 用左边的红线穿一颗金属珠，然后拉向左方做一个圈，由此开始编一个凤尾结。

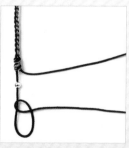

11. 红线如图向右做挑、压动作。

12. 红线如图向左做挑、压动作。

13. 红线重复步骤 11 的做法, 拉向右方。

14. 每编一次结都要将线收紧。

15. 重复前面的挑、压动作, 完成一个凤尾结。

16. 将凤尾结下端多余的尾线剪掉, 然后用打火机将线头略烧后按平, 另一条线用同样的方法穿一颗金属珠, 编一个凤尾结。

17. 另取一条红线对折, 如图放在手绳的下面, 开始编一个平结。

18. 两条线如图编结。

19. 拉紧两端。

20. 两条线如图编结。

21. 再次拉紧两条线, 完成一个平结。

22. 加进来的红线两端分别穿金属珠, 编凤尾结。

23. 佩戴这款手绳的时候, 可以将平结向下拉, 这样, 在平结的上面就形成了一个活扣, 将手绳上端的铃铛套入活扣中间, 再将平结推上去就可以了。

风尚物语:

风过无痕, 摇铃留声。轻快的铃铛声使人心情愉悦, 让我们祝愿彼此, 忘却该忘却的, 留下最美好的。

珠联意合

风尚物语：

连在一起的珠子，让手腕显得婉约又细腻，仿佛把美好的事物与好运都结合在了一起。

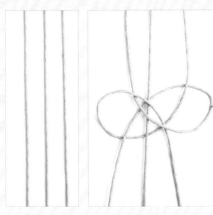

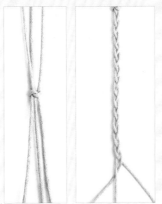

1. 如图，准备三条蜡绳。

2. 左侧的绳按逆时针方向绕一个圈，右侧的绳按顺时针方向绕一个圈，并从用左绳做好的圈中穿出来。

3. 拉紧左右两侧的绳，将蛇结的结体调整好。

4. 如图，用三条绳编一段三股辫。

5. 其中一条绳穿一颗绿色米珠。

制作过程

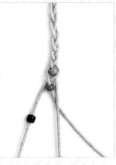

6. 三条绳继续编一次三股辫，然后用左侧的绳穿一颗橘色米珠。

7. 三条绳继续编一次三股辫，然后同样用左侧的绳穿一颗蓝色米珠。

8. 依次穿珠子、编三股辫，编至合适的长度。

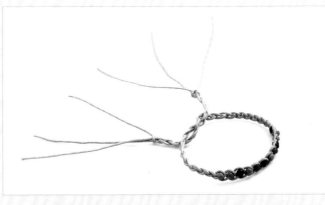

10. 手绳的两端留适当的长度(用于佩戴时在手腕部打结)，然后将多余的尾线剪掉。

9. 再编一段三股辫，长度与步骤4中的三股辫一致，然后在三股辫的尾端编一个蛇结固定。

59

还淳反素

风尚物语:

朴素简单的色调,不加装饰的手绳,不经意间就让人回了纯粹简单的初心和还淳反素的平常日子。

制作过程

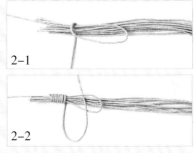

1. 如图,准备九条蜡绳,用作中心线,另外准备一条蜡绳,用作编绳。将这条编绳对折,放在九条绳的上方。

2-1

2-2

2. 在编绳的右边留出一个小圈,然后用编绳在九条绳的外面绕数圈,最后将编绳如图穿出小圈。

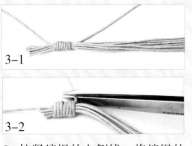

3-1

3-2

3. 拉紧编绳的左侧线,将编绳的右侧线拖入线圈的内侧固定。然后将右侧线露在外面的线头剪掉,只留下编绳的左侧线。

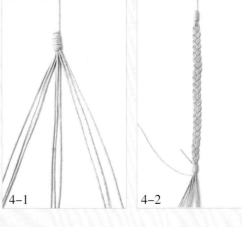

4-1

4-2

4. 将九条绳平均分作三组,编一段三股辫。然后另外取一条蜡绳,同样以九条绳为中心线做绕线。

5. 两端分别保留一条绳,其余的绳用剪刀剪去。然后另外取一段细蜡绳,仿照步骤1、2的做法做绕线。

6. 剪掉多余的绳,手绳的两边分别穿木珠子作装饰,这样,一款清新的手绳就做好了。

秀而不媚

制作过程

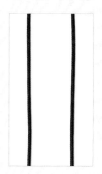

1. 如图，准备两条线。

2. 用股线分别在两条线的外面绕一段线，然后打一个双联结固定。

3. 做一个菠萝结，如图套在双联结的下面。

4. 用两条线在菠萝结的下面打一个双钱结。

5. 重复步骤4的做法，从上往下打九个双钱结。

6. 在手链的另一端同样穿一个菠萝结，然后打双联结固定。

7. 最后打平结，尾线穿珠子收尾。

风尚物语：

秀丽却不媚俗，清雅而不清高。这款手链给人一种舒心的秀美感，既有抓人眼球的魅力，又不会太过张扬。

红丝待选

制作过程

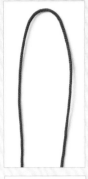

1. 如图，准备一条红绳，用作这款手绳的中心线。先将这条红绳对折。

2. 然后将红绳如图编一个双联结。

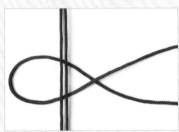

3. 另外准备一条红绳，用作这款手绳的编绳。如图，将编绳交叉叠放在中心线的下方。

4. 用右下方的一条编绳如图穿过左侧的圈，由此开始编一段双向平结。

5. 拉紧左右两侧绳头。

6. 将四条绳一起翻过来，然后用两条编绳如图编结。

7. 拉紧左右两侧绳头。

8. 两条编绳如图编结。

9. 拉紧左右两侧绳头。

10. 两条编绳仿照步骤6的做法编结。

11. 连续编双向平结，编至合适的长度。

12. 剪掉多余的编绳，然后用中心线编一个纽扣结。

13. 将多余的线剪掉，然后用打火机将线头略烧后按平即可。

风尚物语：

红线有许多关于爱情的美丽传说，寄托人们对坚贞不渝的爱情的美好期盼。这样一根红绳连接古今，带来古老民俗和现今潮流的碰撞，简约而经典。

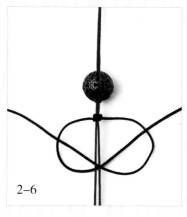

2–6

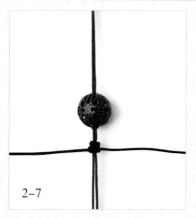

2–7

2–8

2–9

2. 另准备一条蓝绳，以红绳为中心线，在金属配件的一端编一段双向平结。

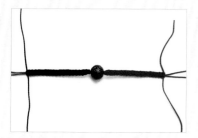

3. 另加一条红绳，依照蓝绳的编法，在配件的另一端编一段双向平结。

4. 另取一条蓝绳，绑住红色中心线的余线编一段双向平结。

5. 在手绳的尾端分别穿珠子、编凤尾结。

6. 这样，一款富有创意的双色手绳就完成了。

风尚物语：

蓝色和红色的编绳被平结拼接在一起，加上镂空的金属配件，很有一番怀旧情怀。回忆起去年今日，那景那人，那一个难以忘怀的美梦，岁月虽不留痕迹，但感觉永留心底。

青葱岁月

风尚物语：

"记得那时年纪小，我爱谈天你爱笑。有一回并肩坐在桃树下，风在林梢鸟在叫，我们不知怎样困觉了，梦里花儿知多少。"青春的岁月就如同这一抹葱绿，带来洗礼般地成长，但又稍纵即逝。

制作过程

1. 如图，准备两条绳，绳的长度要一致。

2. 用双面胶在一条绳的中间位置绕适当的长度。

3. 如图，将股线粘在双面胶的外面。

4. 将两条绳的外面都绕好股线。

5. 如图，将两条绳合在一起，依照步骤2~4的做法，在股线的外面再绕三段其他颜色的股线作装饰。

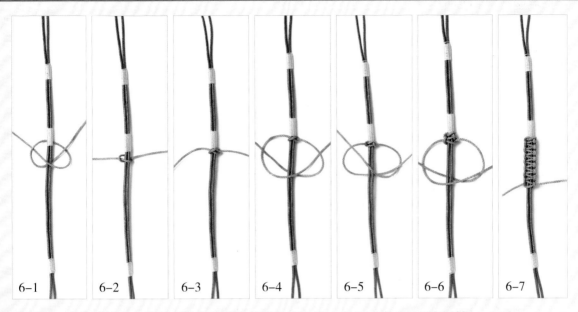

6-1	6-2	6-3	6-4	6-5	6-6	6-7

6. 另取一条芊绵线，以中间两条绕了股线的绳为中心线，在上面编一段双向平结。

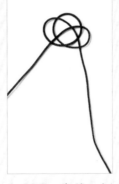

9. 另取一条线，如图编一个双钱结。

10. 将双钱结轻轻推拉，形成一个圆形。

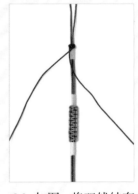

11. 如图，将双钱结套入手绳的一端。

7. 将芊绵线的尾线和中心线合在一起，在这四条绳的外面粘双面胶。

8. 在双面胶的外面绕上股线。

12. 用双钱结的两个线尾跟着双钱结的走向再穿一次，形成一个四边菠萝结。然后剪掉多余的线，用打火机将线头略烧一下按平，注意将线头藏在菠萝结的内侧。

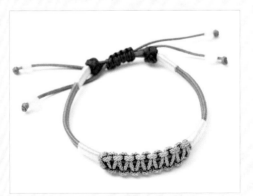

13. 另取一条线，包住这款手绳两边的链绳，编一段双向平结，然后各链绳分别穿玉珠并打单结收尾。

财运亨通

制作过程

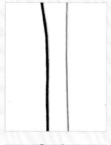

1. 如图，准备两条线，左侧的蜡绳为中心线，右侧的线为编绳。

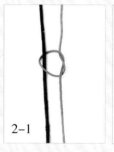 

2-1　　　　　2-2

2. 以蜡绳为中心线，用右侧的线如图编一个单结，然后拉紧，开始编轮结。

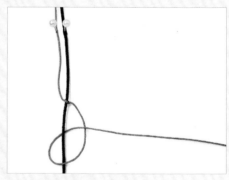

3. 用编绳围着中心线绕一个圈。

 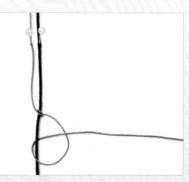 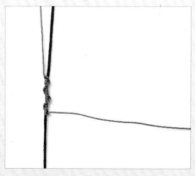

4. 拉紧编绳，完成一个轮结。

5. 依照步骤3的做法，用编绳再编一个轮结。

6. 重复前面的做法，结体自然形成螺旋状。

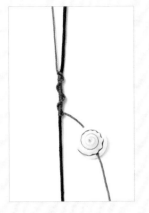   

7. 用编绳穿一个海螺。

8. 用两条线继续编轮结。

9. 依次穿海螺、编轮结至合适的长度。

10. 图为结体的另一面。

11-1　11-2　11-3　11-4

11. 两条线如图穿配件、编凤尾结，做好这款手绳的两边。

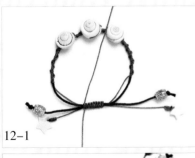

12-1

12-2

12. 另取一条线，绕着这款手绳的链绳，编一段双向平结，然后剪掉多余的尾线，并用打火机将线头略烧后按平。

风尚物语：

在很早以前，人们将贝壳作为货币流通。所以把贝壳穿在手绳上便代表了财运，将好运气掌握在自己的手上，相信明天会更加美好。

意惹情牵

制作过程

1. 如图，准备一条红绳，将这条红绳对折。

2. 用两段红绳编一个双联结，在双联结的上端留出一个圈，作为这款手绳的活扣。

3. 在距离双联结适当的位置，用两段红绳编 12 个金刚结。

风尚物语：

映入眼帘的一大片红色，赋予了这一根简单的手绳浓厚的深情，如果一次无意间的擦肩，从此缠绵牵挂，心如小鹿乱撞，心似蜜桃甜。

4. 在距离金刚结适当的位置，用两段红绳编一个纽扣结，然后将纽扣结下端多余的尾线剪掉，最后用打火机将线头略烧后按平即可。

多变风情项链

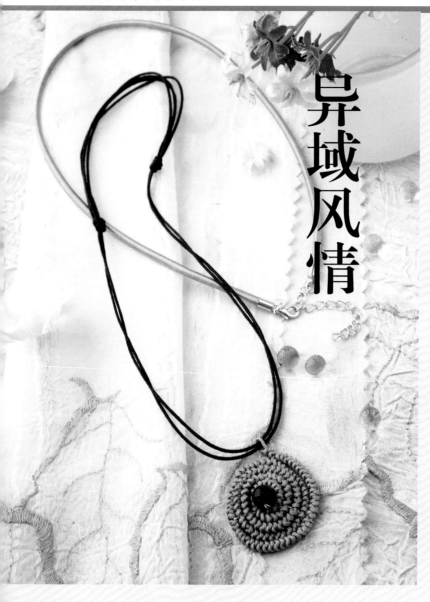

异域风情

制 作 过 程

1. 如图，准备一条线。

2-1

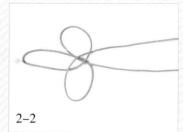

2-2

2-3

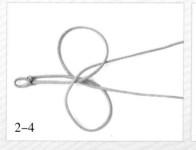

2-4

2-5

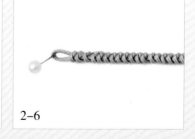

2-6

2. 用这条线连续编蛇结，编至合适的长度。
（注意：在蛇结的最上端留出一个小圈，用来连接链绳）

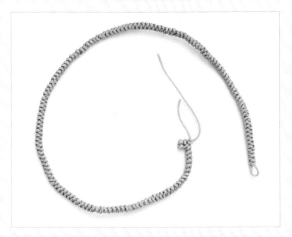

3. 如图，将线尾穿入最后一个蛇结的结体中，起固定的作用。

4. 将蛇结以顺时针方向调整成圆盘状。在调整的过程中，用针穿一条银线并穿一颗红珊瑚珠镶在圆盘正中间作装饰，然后用银线固定圆盘。

5. 取一段蜡绳穿过蛇结上面的小圈，在链绳两端分别编一个秘鲁结。

6. 最后剪掉链绳上多余的线头即可。

风尚物语：

这款项链带有民族风，展示出别样的异域风情。如配上森女系长裙，旋转的裙摆和藏蓝色项链相映衬，浪漫又迷人。

人面桃花

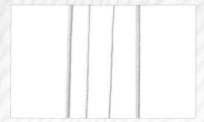

1. 如图，准备四条线，分别是两条红色，两条蓝色。

2. 用这四条线合穿一个琉璃珠，在琉璃珠左侧编一个单结，起到固定琉璃珠的作用。

3. 两条蓝线以红线为中心线，在红线的外面编一个蛇结。

4. 拉紧两条蓝线，调整好蛇结。

5. 重复步骤3、4的做法，连续编八个蛇结。

6-1

6-2

6. 红线和蓝线分别如图做挑、压，编一段四股辫，并用两根红色线合穿一颗琉璃珠。

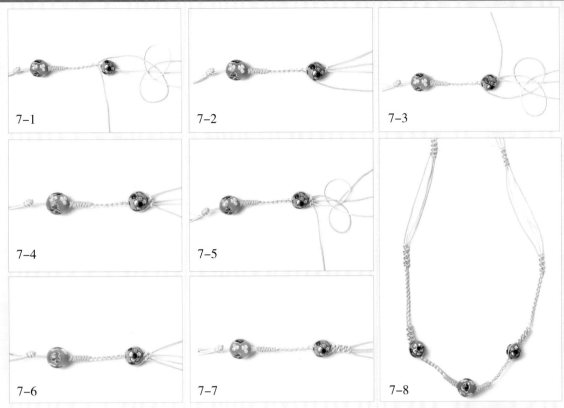

7-1　　　　7-2　　　　7-3

7-4　　　　7-5

7-6　　　　7-7　　　　7-8

7. 用其中的一条红线和蓝线编一个蛇结，如此一上一下连续编蛇结，以左右对称的方式编好项链两边的链绳。

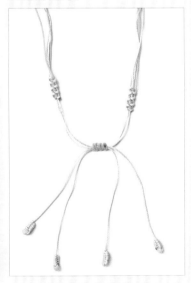

8. 链绳的尾线分别穿珠子、编凤尾结。然后另取一条蓝线，以链绳为中心线编一段双向平结，最后剪掉多余的尾线，并用打火机将线头略烧后按平。

9. 这样，一款时尚的红、蓝双色项链就做好了。

风尚物语：

"去年今日此门中，人面桃花相映红。人面不知何处去，桃花依旧笑春风。"戴上这可爱的项链，与春天的花朵来一场亲密的约会吧。

彩蝶翩翩

1. 如图，准备一条线，用打火机将这条线的两端略烧之后对接起来。

2. 用股线在这条线的上端绕一段线。

3. 仿照步骤2的做法，在这条线的上面分别绕两段股线。这样，项链中间的弧形部分就做好了。

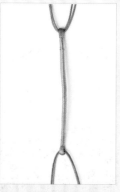

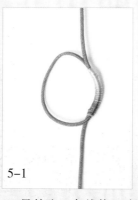

5-1

5-2

5-3

4. 在弧形部分的两端分别穿一条线。

5. 另外取一条线绕一个圈，用股线在这个圈的外面绕线，形成一个线圈，然后剪掉多余的尾线。做好四个这样的线圈。

6. 如图，穿线圈、菠萝结和玉石配件，然后在上端加一条线进来，将这条线对折，再打一个蛇结固定。

7. 用这四条线打一段单向平结。

8. 然后在单向平结的上端再打一段四股辫。如图做好项链两边的链绳。

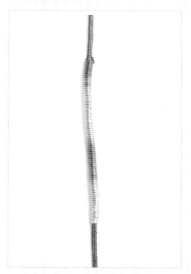

9. 另外取一条线，用股线在这条线的外面绕适当的长度。

10. 用绕了股线的这段线在项链的中间位置绕两圈，然后打一个双联结固定。

11. 如图，将骨珠及坠饰系在项链的中间位置。

风尚物语：

这款蝴蝶坠饰虽不够耀眼，但却生动有趣，时时感觉蝴蝶即将飞出来，翩翩于美丽的世界，挥动它那素朴、灵动的双翼。

吊古寻幽

制作过程

1. 准备一段细铁丝，用股线（两彩股线）在细铁丝上绕适当的长度。

2-1

2-2

2-3

2-4

2. 从这段细铁丝的中间部分开始，如图扭出连续的"8"字形状，用作项链中间的弧形部分，然后在弧形部分的两端分别扭出一个圈，用于接下来在铁丝的两头添加链绳。

3. 准备一条线，用作项链的链绳，如图穿过弧形部分两端的圈。

4. 另外取两条线，分别包住两边的链绳打一段平结。

5. 在平结的上面再打一个双联结固定。

6. 准备两片丝带，包住两边的链绳，然后用针线将丝带缝好。

7. 再分别用两边的两条线打一个双联结。

8. 分别在两边加一条线进来。

9. 分别用四条线包住链绳打一段四股辫。

10. 在四股辫的上端打秘鲁结并收尾，如图做好两边的链绳。

11. 在"8"字形图案的下面添加各式珠子。

12. 最后在"8"字形图案的中间系一块血琥坠饰。

风尚物语：

此款项链的古典色泽比较吸引眼球，细察之下略有怀旧之情，它那各式珠子簇拥着的血琥也颇富内涵。

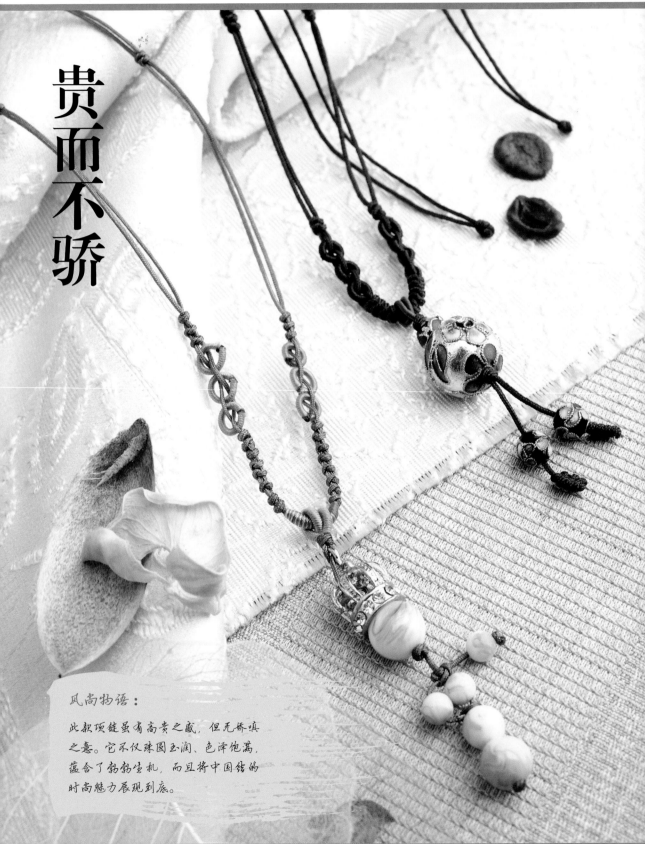

贵而不骄

风尚物语：

此款项链虽有高贵之感，但无骄嗔
之意。它不仅珠圆玉润、色泽饱满，
蕴含了勃勃生机，而且将中国结的
时尚魅力展现到底。

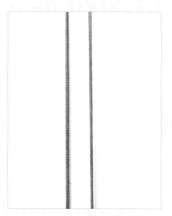

1. 如图，准备两条线。

2. 在这两条线的中间位置打一个蛇结。

3. 重复步骤 2 的做法，从上往下打八个蛇结。

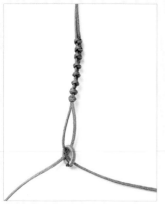

4. 用这两条线对穿一个线圈。

5. 仿照步骤 4 的做法，从上往下对穿三个线圈，在线圈下面打一个蛇结。

6. 继续打两个蛇结。

7. 另外取一条线，用股线在这条线的外面绕一段线。

8. 用前面绕好股线的部分绕在项链的中间位置，然后打一个双联结固定，如图做好项链两边的链绳。

9. 在项链的中间系上珠子和坠饰，然后在链绳的上端打平结并收尾。

制作过程

闺中密友

风尚物语

此款项链适合送给能与你交心的朋友。知音难觅,与她共同分享你的心事、你的想法,并交付你的真诚、你的心意吧。

制作过程

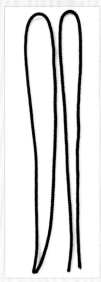

1. 如图,准备两条线,分别向下对折。

2. 在线的下端分别接四条A玉线。

3. 剪一段适当长度的双面胶,如图分别粘在线的下端。

4. 用股线分别绕在双面胶的外面作装饰。

5. 另外用线分别制作两个菠萝结。

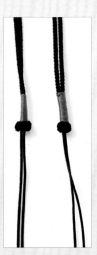

6. 如图,两边分别穿一个菠萝结作装饰。

7. 在菠萝结的下端分别穿入各式水晶珠子，并分别编一个蛇结。

8. 用其中的两条线包住其余的两条线编一个蛇结。

9. 另外准备两条线，如图分别对折后穿过两条粗线的对折端，然后编双联结固定。

10. 剪一段适当长度的双面胶，如图粘在粗线的对折端。

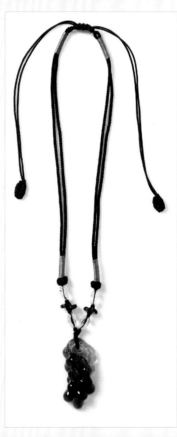

13. 用项链的尾线分别编凤尾结收尾，最后在项链的中间系一块琉璃坠饰。

12. 另外取一条线，包住两边的尾线编一段平结，用作项链的活扣。

11. 用股线绕在双面胶的外面作装饰。

国色天香

制作过程

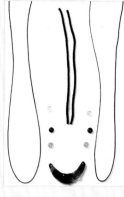

1. 如图,准备线材、水晶珠子、弯月形琉璃。

2. 把步骤1中准备好的两条线分别对折后穿过弯月形琉璃两端的孔,然后分别编蛇结,穿入水晶珠子。

3. 两边分别编一个菠萝结。

7. 最后用链绳的尾线分别编凤尾结收尾。

 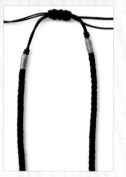 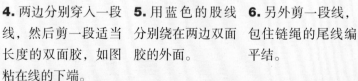

4. 两边分别穿入一段线,然后剪一段适当长度的双面胶,如图粘在线的下端。

5. 用蓝色的股线分别绕在两边双面胶的外面。

6. 另外剪一段线,包住链绳的尾线编平结。

风尚物语:

简单素色的平结突出了弯月形琉璃的超凡脱俗,这是一款不错的装饰品,能突显你出众的气质、媚人的神韵。

坚韧不拔

制作过程

1. 准备一条皮绳，用作项链的链绳。将这条皮绳对折，然后打一个蛇结，注意在蛇结的上面留出一个圈（用作项链的项扣）。

2. 加一条皮绳进来，将这条皮绳对折，和前面的两条皮绳合在一起编一段四股辫。

3. 将四股辫编至合适的长度，然后打一个双联结固定。

4. 在四股辫的下面依次穿银饰，打双联结，再打圆形玉米结。

5. 以倒序的方法如图做好项链另一边的链绳，最后打双联结收尾。

风尚物语：

银饰和粗壮的皮绳编结在一起，透出一股坚韧不拔的力量。此款项链很适合男士佩戴，可突出男性性格里的坚毅和骨子里的睿智稳重。

多子多福

制作过程

1. 准备两条线，用作项链的链绳。在这两条线的中间位置打一个双联结，然后用这两条线合穿一颗珠子，再在珠子的下端打一个双联结。

2. 留出左边的一条线，用右边的这条线作为项链的链绳，穿一颗珠子并如图打一个死结。

风尚物语：

殷红殷红的串珠坠饰闪闪惹人爱，在这片红色里有着吉祥的寓意，祈愿如一颗颗串珠般儿女双全，祈愿家庭和睦福满堂。

3. 如图，在珠子下面依次打死结、穿珠子。

4-1

4-2

4-3

4. 加一条线进来，如图和链绳合在一起打一个死结。

5-1

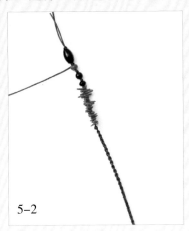

5-2

5. 再加一条线进来，如图和两条链绳合在一起打一段四股辫。

6. 如图做好项链两边的链绳，然后剪掉两端多余的线，两边分别留下两条尾线即可。

7. 用项链中间留出的两条线打一个双联结，然后系上塑料珠子和球形串珠坠饰。最后再取一条线，包住项链的尾线打平结并穿珠收尾。

矢志不渝

制作过程

1. 如图，准备两条线。

2. 另外准备两条线（一长一短），用米黄色的股线在其中一条线的外面绕适当的长度。

3. 将较长的线对折后，与较短的线一同粘在步骤 1 中的线的下端。

4. 在两边的线的外面绕上咖啡色的股线，用绕了米色股线的那条线编一个单线双联结，然后另外用一条绕了银灰色股线的 A 线绕在这三条线的上端数圈，最后用酒红色的股线绕在这三条线的上端进行固定。

5. 用绕了咖啡色股线的线编单线双联结，并剪掉下端多余的尾线，然后另外准备一段线。

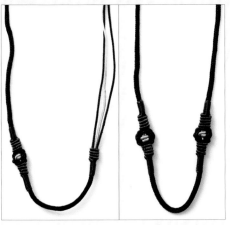

6. 以上下对称的方式如图编结，并将步骤5中加进来的线接在下端，使链绳延长。

7. 以左右对称的方式如图做好链绳的两边。

9. 剪取两小段双面胶，分别粘在链绳两边加线位置的下端。

8. 在链绳的上端分别加两条线，使链绳延长。

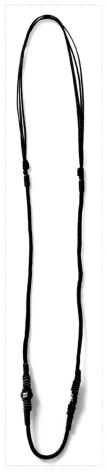

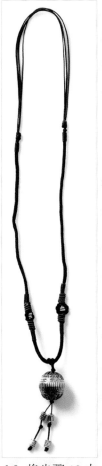

10. 用酒红色的股线绕在双面胶的外面。

11. 用链绳的尾线分别编一个秘鲁结，用作这款项链的活扣。

12. 另外准备一条A玉线，用咖啡色股线在这条线的中间位置绕适当的长度，然后用绕了股线的部分绕链绳两圈，用没有绕股线的部分编一个双联结。

13. 如图，准备各式金属配件。

14. 将步骤13中的金属配件串在链绳的中间位置作坠饰。

情意绵绵

风尚物语：

纽扣结和蛇结的交错，显得此款项链非常饱满，绵绵延向前，似传递意长情深。不论遇到怎样的挫折，不论结局悲喜，请永远保持着这份真诚，表现真实而可爱的自己。

制作过程

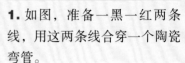

1. 如图，准备一黑一红两条线，用这两条线合穿一个陶瓷弯管。

2. 在陶瓷弯管的两端分别编四个纽扣结。

5. 两边分别编两股辫，然后另取一条黑线，包住这款项链的链绳编双向平结。链绳的两端分别编一个双联结，最后剪掉多余的线尾，用打火机将线头略烧后按平。

3. 两边分别穿一颗陶瓷珠，然后再分别编四个纽扣结。

4. 两边分别再穿一颗陶瓷珠，再分别编12个蛇结。

迷你巧手饰物

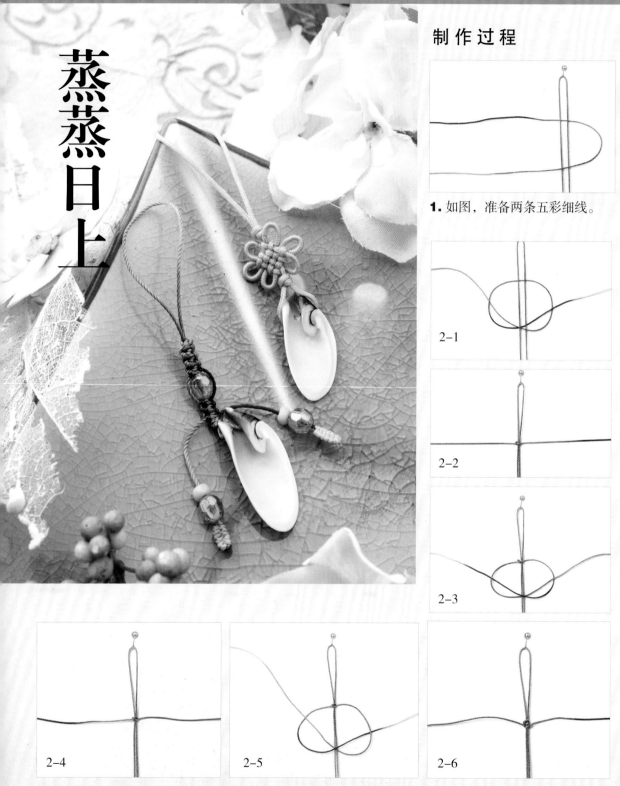

蒸蒸日上

制作过程

1. 如图，准备两条五彩细线。

2-1

2-2

2-3

2-4

2-5

2-6

2. 以中间的两条线为中心线，用两边的两条线围着中心线编一段双向平结。

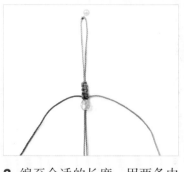 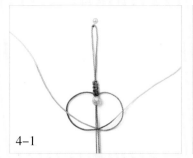

4-1

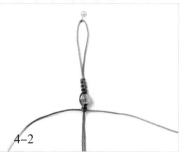

4-2

3. 编至合适的长度，用两条中心线合穿一颗珠子。

4. 用两边的两条线编双向平结。

5. 两条中心线穿过贝壳上面的孔，然后在贝壳的上端编两个蛇结。

6. 剪掉中心线多余的尾线，用打火机将线头略烧后按平，留下两边的两条线。

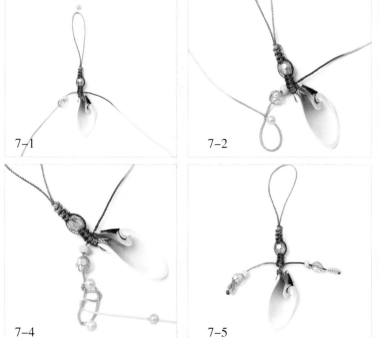

7-1

7-2

7-3

7-4

7-5

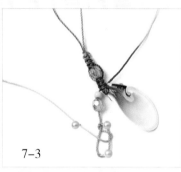

风尚物语：

此款配饰编起来简易，搭配起来也随意，似是不起眼的小小改变，却平添了一丝情趣。每天佩戴它，生活会变得更加有意义呢。

7. 两边的两条线如图穿珠子，编凤尾结。

豆蔻年华

风尚物语：

一个别致的二回盘长结，明媚的颜色，让人回想到明媚的年少时光，说不定其中记录着一段纯真的感情和一个似花开的心动瞬间呢。

制作过程

1. 用一条 A 玉线对折后打一个双联结。

2. 距离双联结 8.5 厘米处，用股线分别在左右两边绕一段线（长约 6 厘米）。

3. 接下来用这两条线打一个二回盘长结，注意将盘长结下面两边的耳翼稍拉长一些。

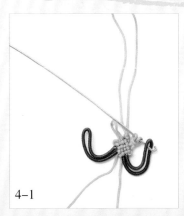

4-1

4-2

4. 如图，将右上角的耳翼弯成一个圈，然后将钩针伸进去，并将右下角的长耳翼向上钩。左边仿照右边的做法，同样将下面左下角的长耳翼向上钩。

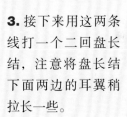

5. 最后穿配件，打死结收尾。

香火姻缘

制作过程

1. 如图，准备两条线。

2. 用两侧的编绳绕着中心线编一段单向平结。

3. 将两侧多余的线剪掉，然后用打火机将线头略烧后按平。

4. 两条中心线绑一个葫芦配件，然后在葫芦的下面打一个双联结固定。

5. 两条线分别穿辣椒配件和珠子，然后分别编一个凤尾结收尾。

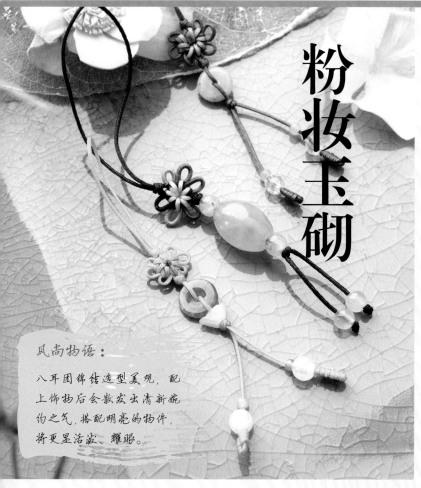

粉妆玉砌

风尚物语:

八耳团锦结造型美观,配上饰物后会散发出清新婉约之气,搭配明亮的物件,将更显活泼、耀眼。

制作过程

1. 如图,将一条粉色线对折后编一个双联结。

2. 如图,将大头针插成圆形。

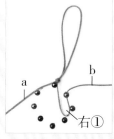

3. 先走b线,如图在大头针上绕出右①,开始编一个八耳团锦结。

4. 用钩针钩出右②。

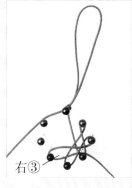

5. 钩出右③。

6. 钩出右④。

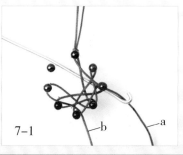

7. 接下来走a线,同样用钩针钩出左①。

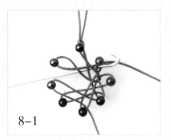

8-1

8-2

8. 钩出左②。

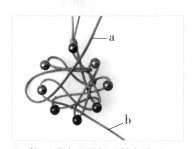

a

b

9. 使a线如图从耳翼中穿出。

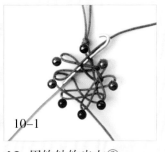

10-1

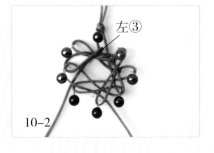

左③

10-2

10. 用钩针钩出左③。

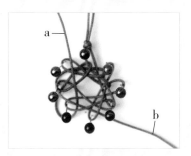

a

b

11. 使a线如图从耳翼中穿出。

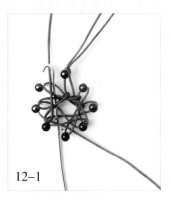

12-1

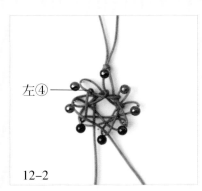

左④

12-2

12. 用钩针钩出左④。

13. 从大头针上取出结体,顺着线的走位拉出六个耳翼,调整好团锦结的结形。

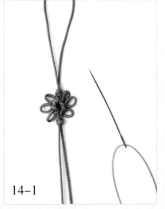

14-1

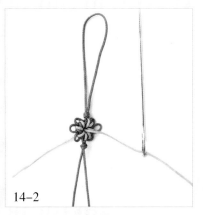

14-2

14. 用针穿一条线,在八耳团锦结的上面作装饰。

15. 在下端添加各式珠子,最后编凤尾结收尾。

完事大吉

制作过程

1. 准备两条线，用打火机将两条线的一头略烧后对接起来。

2. 用两条接起来的线编一个纽扣结，注意将两线的接口藏在纽扣结的内侧。

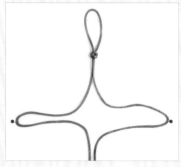

3. 如图，将线呈十字形摆放，开始编一个吉祥结。

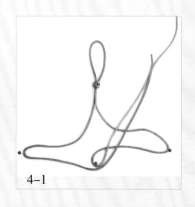

4-1

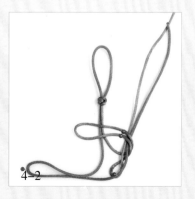

4-2

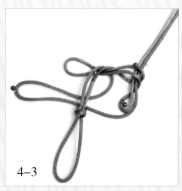

4-3

4-4

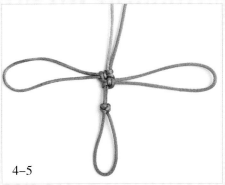

4-5

4. 如图，将四个方向的线按逆时针方向做挑、压，然后拉紧四个方向的线。

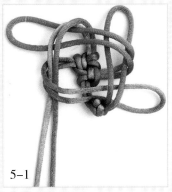

5-1

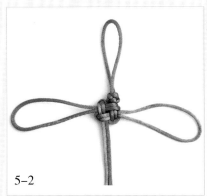

5-2

5. 将四个方向的线按逆时针方向再做一次挑、压，然后拉紧。

6. 按照吉祥结线的走向调整好结形，拉出四个小耳翼和两个大耳翼。

7. 在吉祥结的下面连续编六个蛇结。

风尚物语：

吉祥结的结体有四个耳翼，好似花朵的四个花瓣，十分美观，有花样年华、如花似玉的美好寓意，编成配饰则有了头和尾，象征美满的结局。

8. 在蛇结的下面添加一个铃铛，剪掉多余的尾线，处理好线头即可。

冰壶玉衡

风尚物语：

棕色的二回盘长结与流苏
一起显得复古隽永，再加
一些如檀香般的香味，清
幽的味道与古典的美感融
合在一起，令人沉醉。

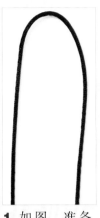

1.如图，准备一条线。

2.如图，准备一块垫板。

3.用步骤1中的线编一个双联结，然后用其中一条线在垫板上横向走两个来回，由此开始编一个二回盘长结。

4.用另一条线如图在垫板上纵向走两个来回。

5.编好一个二回盘长结，调整好盘长结的结形后，在盘长结的下端编一个双联结。

6.准备各式配件。

7.用线穿一个串珠配件，然后再串上一个线圈。

8.做一个线圈，注意在线圈的下端留两条尾线。

9.用线穿各式玉石配件。

10.最后在下端添加两条流苏。

制作过程

出类拔萃

制作过程

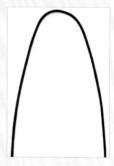

1. 如图，准备一条线。

2. 如图，准备一块垫板。

3. 用步骤 1 中的线编一个双联结作为开头，然后用其中的一条线在垫板上横向走两个来回，由此开始编一个二回盘长结。

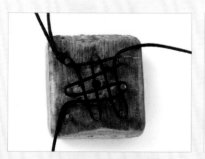

5—1

5—2

4. 用另一条线如图在垫板上纵向走两个来回。

5. 如图，在左下方编一个双环结。

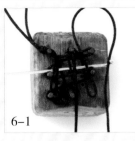
6-1

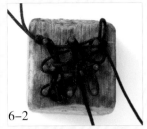
6-2

6-3

6. 继续制作二回盘长结，然后如图在右上方编一个双环结。

7. 制作好二回盘长结。

8. 从垫板上取出盘长结。

9. 根据线的走向，调整好二回盘长结的结形，并用尾线编一个双联结固定。

10. 准备各式配件。

11. 如图，穿入各式配件，再编蛇结。

12. 将玉石葫芦如图放在两条尾线之间。

13. 两条尾线以编蛇结的方式将玉石葫芦编成一串即可。

风尚物语：

串起的玉石葫芦和二回盘长结相搭配，非常精致，让人忍不住想触碰。将它放在手心，静静注视，它真像个惹人喜爱的小精灵呀！

金玉满堂

风尚物语：

元宝和玉都代表着财富，那仙元宝的配件和玉石配件搭配在一起，相互衬托、美观慈眼，大有多财身贵之意。

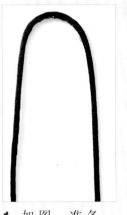

1. 如图，准备一条线。

2. 如图，准备一块垫板。

3. 用线编一个双联结，然后用其中的一条线如图在垫板上面走线，完成一个复翼盘长结。

3-1

3-2

制作过程

4. 将复翼盘长结的结形调整好。

5. 准备各式配件。

6-1

6-2

6. 另外用线做一个线圈，然后如图依次穿入各式配件。

7. 用复翼盘长结下端的线系好步骤6中做好的配件即可。

羽扇纶巾

风尚物语：

此配饰可赠与男士，男士的饰品在色彩上要有别于女士的艳丽花哨，宜选用墨绿、宝蓝等深沉的颜色，以体现男士沉稳、内敛的特质。

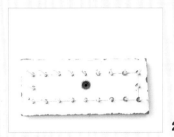

1. 用一条线打一个双联结。

2. 如图，准备一块垫板。

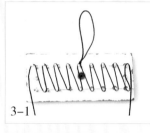

3-1

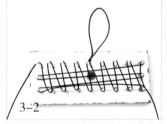

3-2

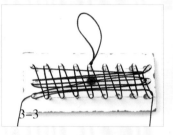

3-3

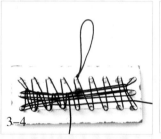

3-4

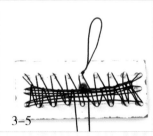

3-5

3. 用前面准备好的线在垫板上打一个一字盘长结。（注意：一字盘长结的打法和二回盘长结的打法是相似的，区别在于一字盘长结的左右两边的线比二回盘长结分别多走了两个来回，由此编出来的结形不一样）

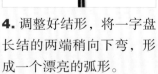

5-1

5-2

4. 调整好结形，将一字盘长结的两端稍向下弯，形成一个漂亮的弧形。

5. 在一字盘长结的下面打一个双联结，然后穿珠子作装饰，最后尾线也穿珠子打死结。这样，一件惹人喜爱的手机挂饰就做好了。

柔情绰态

1. 用一条线打一个双联结。

2-1

2-2

2-3

2-4

2-5

2-6

2-7

2-8

2-9

2-10

2-11

2-12

2-13

2. 用这两条线在垫板上打一个实心的八耳团锦结。

（注意：在打八耳团锦结时，用左右两条线分别打一个酢浆草结，放在团锦结左右两侧耳翼的位置）

4-1

4-2

3. 调整好结形，如图拉出四个耳翼。

4. 将上面两侧的耳翼分别绕成一个圈，用下面的耳翼如图穿过去，在八耳团锦结的两侧形成对称的弧形。

5. 在团锦结的下端打双联结，然后穿入各式配件。

风尚物语：

这款饰物是团锦结和酢浆草结的创意组合，交趾陶缀饰的加入让作品有了更丰富的视觉美感。

6. 仿照步骤2的做法，用这两条线打一个实心八耳团锦结，最后用两条尾线分别系一条流苏。这样，一款色调清新的挂饰就做好了。

Part 4
"编"入日常生活

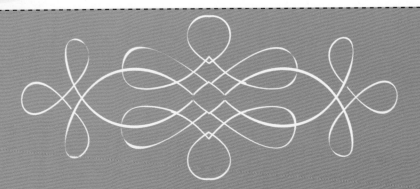

编绳饰品之古典饰品

纯白无瑕

制作过程

1. 如图,准备一条红色的细线。

2. 用手指如图捏住线两端,朝同一个方向拧,在线的中间位置形成一个小圈。

3. 如图,拧一段两股辫。

4. 在两股辫的下端穿一颗砗磲珠作装饰。

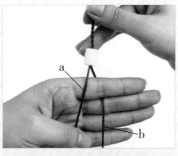

5. 如图,将两条线绕在左手食指上,a线（左边的红线）在食指的上面,b线（右边的红线）在食指的下面。

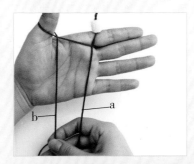

6. 如图,b线在左手的大拇指上面绕一个小圈。

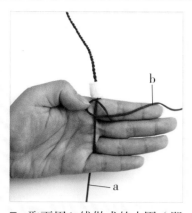

7. 取下用b线做成的小圈（即在前一步骤中做好的绕在大拇指上面的圈），将这个小圈向右翻过来，盖在a线的上面。

8. a线如图做挑、压，从小圈中穿出来，形成一个立体的双钱结。

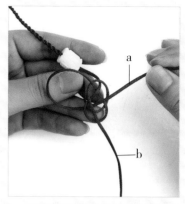

9. a线如图按逆时针方向绕，绕过双钱结上方的一根线，然后从双钱结的中心穿出来。

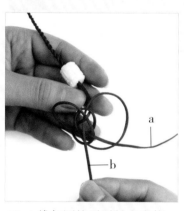

10. b线如图按逆时针方向绕，绕过双钱结上方的另一根线，从双钱结的中心穿出来，由此完成一个纽扣结。

11. 轻轻向下拉，使纽扣结缩小。

12. 顺着线的走向，将纽扣结的结形调整好。

13. 剪掉纽扣结下端多余的线，用打火机将线头略烧后按平即可。

风尚物语：

纯白的碎碟珠加上经典的红线，出尘而不染的气质在不经意间跃然而出。最简单的有时候便是最美妙的，守住心中那一抹单纯的色彩吧。

娟好静秀

制作过程

1. 如图，准备一条线。

2. 用这条线拧一段两股辫。

3. 如图，用其中一条线绕一个圈，开始编一个蛇结。

4. 如图，用另一条线绕一个圈，然后从步骤 3 中做好的小圈中穿出来。

5. 将两条线拉紧，完成一个蛇结。

6. 依照步骤 3、4 的做法，再编一个蛇结。

7. 如图，编六个蛇结。

8. 两条线合穿一颗陶瓷珠。

9. 在陶瓷珠的下面再编两个蛇结。

10. 两条线合穿一个陶瓷弯管。

11. 依照前面的做法，编好这款手绳的另一边。

12. 编一个纽扣结作为这款手绳的活扣。

13. 剪掉纽扣结下面多余的尾线，用打火机将线头略烧后按平即可。

风尚物语：

此款手绳饱满的色泽中透出优雅，配上陶瓷珠，让手腕更显秀美。佩戴上它后一切显得温暖而又柔和，仿佛打开了专属于你的静谧时光。

光彩溢目

制作过程

1. 如图，准备两条线。中间的为中心线，两侧的为编绳。

2-1

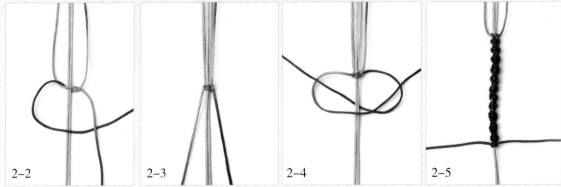

2-2　　2-3　　2-4　　2-5

2. 用两侧的五彩编绳编一段单向平结。

（注意：左右的两条五彩编绳是绕着中心线一上一下交替编结的，这样编出来的结体自然形成螺旋状）

4-1

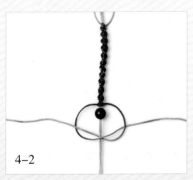

4-2

3. 用中心线合穿一颗红玛瑙。

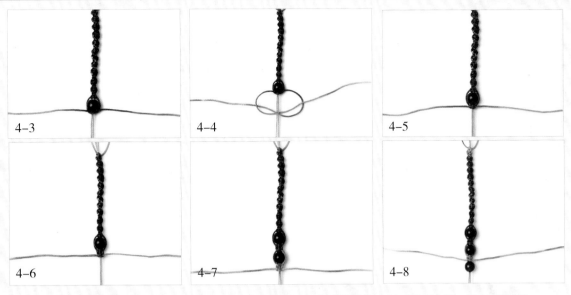

4-3　　　　4-4　　　　4-5

4-6　　　　4-7　　　　4-8

4. 用两侧的五彩编绳绕着中心线编一段双向平结，然后用同样的方法穿红玛瑙、编双向平结。

6. 将多余的五彩编绳剪掉，只留下中心线。

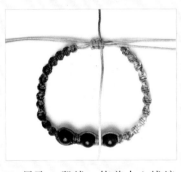

7. 另取一段线，绕着中心线编一段双向平结。

8. 两端尾线分别穿珠子、编凤尾结，然后剪掉多余的尾线，并用打火机将线头略烧后按平。这样，一款漂亮的玛瑙手绳就编好了。

5. 依照步骤 2 的做法，用两侧的五彩编绳编一段单向平结，长度与步骤 2 中的相同。

凤尚物语：

五彩编绳编出的平结手绳色彩缤纷、光彩夺目，配上米红色的玛瑙珠，别有一番韵味，让人爱不释手。

香肌玉肤

制作过程

1. 将一条线对折后依次打一个双联结和一个酢浆草结。

2. 用左右两条线分别打一个酢浆草结，然后在中间组合完成一个酢浆草结。

3. 在酢浆草结的下面再打一个酢浆草结。

4. 穿入各式配件，然后仿照步骤1~3的做法，在下面打三个酢浆草结。

5. 重复步骤4的做法。

6. 在手链的两端分别打一段两股辫，然后打双联结固定。

7. 最后将手链两边的链绳打平结收尾。

风尚物语：

酢浆草结本就清新别致，配上玉石配件更显韵味。将此款手链随意戴在腕上，清雅又大方。

与子偕老

制作过程

1. 如图，准备五条线，用这五条线合穿两个银鱼。在穿过银鱼的时候，注意使鱼嘴相对。

2. 使一条线居中，作为中心线，其余的四条线绕着中心线按逆时针方向做挑、压，开始编一个玉米结。

（注意：四条线也可以按顺时针方向做挑、压，但要始终按同一方向来挑、压，这样编出来的玉米结才会形成圆柱形）

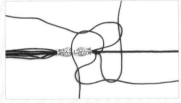

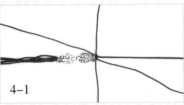
4-1

4-2

3. 将四个方向的线拉紧。

4. 用这四条线按逆时针方向做挑、压，再编一个玉米结，重复编结，如此编好这款手绳的两边链绳。

5. 如图，在手绳的两端添加金属链扣。

6. 这样，一款时尚的手绳就做好了。

风尚物语：

两条相对的银鱼配件表达出了浓浓的爱意，红色的结绳则代表姻缘线。大胆表达爱意的同时也不要忘记陪伴才是最长情的告白哦。

白鱼赤鸟

风尚物语:

这款手绳简单自然, 采用单一的蛇结编制而成, 银鱼配件不仅给
手绳增添了一点点情趣, 也是吉祥的象征。

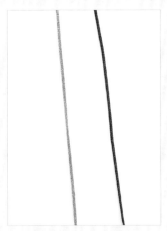

1. 如图，准备两条线。

2. 用两条线编一个蛇结。

3. 拉紧线的两端。

4. 依照步骤 2 的方法，再编一个蛇结。

5. 重复编蛇结至合适的长度。

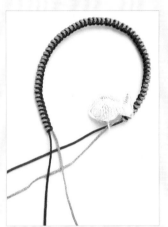

6. 如图，穿入一个银鱼配件。

7. 在手绳的两端添加金属链扣，然后再编蛇结。

8. 最后剪掉两端多余的尾线，处理好线头即可。

蕙质兰心

制作过程

1. 如图，准备四条蜡绳，用这四条蜡绳合穿一个陶瓷珠，在陶瓷珠的左边编一个单结，用于固定陶瓷珠。

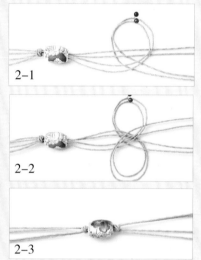

2-1

2-2

2-3

2. 四条绳分为两组，如图编一个蛇结。

3. 如图，用其中的一条绳穿一颗磨砂珠。

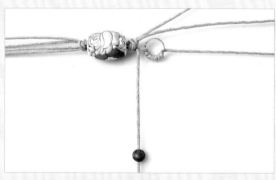

4. 用另一条绳绕圆环数圈。

5. 用上面的两条绳绕圆环数圈，如此刚好将圆环填满。

6. 用穿了磨砂珠的绳向下穿过圆环，使磨砂珠刚好填在圆环的中心作装饰。

7-1　　　　　　7-2

7. 四条绳如图编一个蛇结。

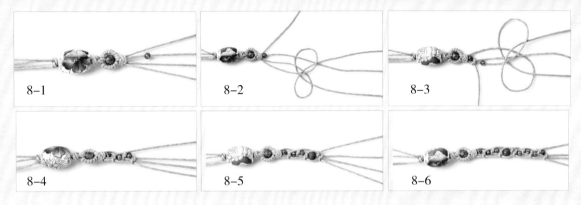

8-1　　8-2　　8-3

8-4　　8-5　　8-6

8. 如图，依次穿磨砂珠、编蛇结，做好手绳的一边。

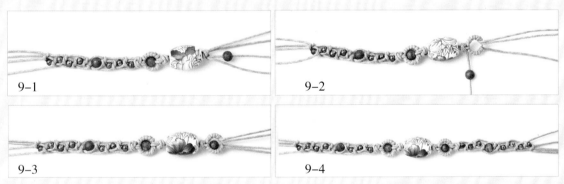

9-1　　9-2

9-3　　9-4

9. 依照步骤 2~8 的做法，完成手绳的另一边。

10. 在手绳的两端添加金属链扣。这样，一款别致的蜡绳手绳就做好了。

风尚物语：

编制此款手绳需心灵手巧。细心地加上陶瓷珠和磨砂珠，手绳立刻变得精巧而闪亮。赠与友人，她一定会为拥有你这样聪慧手巧的朋友而欣喜。

红妆古韵

风尚物语：

红色代表喜气，红色的结绳加红色的琉璃珠，不仅不落俗套，而且还有几分娇艳的大气与柔情。

制作过程

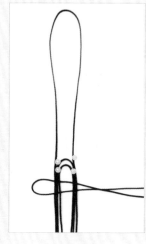

1. 将四条红线如图叠放，把其中的一条线向上抽出适当的长度，作为这款手绳的链绳。

2. 以纵向的三根红线为中心线，用横向的红线编一段双向平结。（注意：平结要编紧一些，这样才能将中间的线固定好）

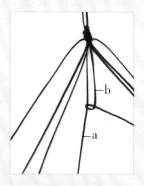

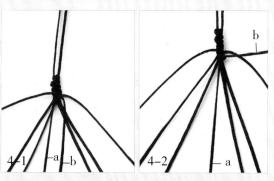

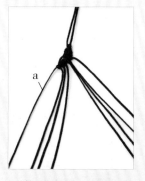

3. 取中间的两条线为一组，b线（右边的红线）以a线（左边的红线）为中心线编一次斜卷结。

4. 拉紧a、b，使斜卷结收紧。然后b线绕a线再编一次斜卷结，并同样拉紧。

5. 依照步骤3、4的做法，以a线为中心线，用a线左侧的三条线依次绕中心线编斜卷结。

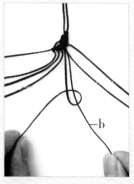
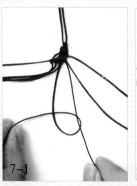

6. 以b线为中心线，用b线右侧的一条线如图编一次斜卷结。

7. 拉紧两线，使斜卷结收紧。然后如图再编一次斜卷结，并同样拉紧。

8. 以b线为中心线，用b线右侧的另外两条红线依次绕中心线编斜卷结。

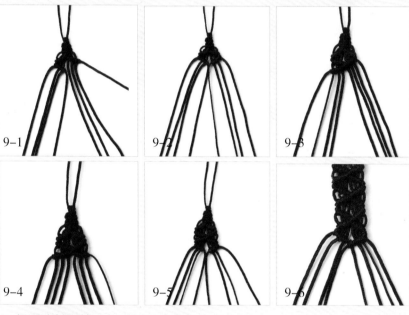

10. 两侧各取一条线，以其余的六条线为中心线编一段双向平结。

9. 如图编斜卷结，形成美观的图案。

11. 留下两条线做链绳，其余的线用剪刀剪去，并用打火机处理好线头。

12. 链绳的两端分别编凤尾结，然后另取一条线包着链绳编一段双向平结。

13. 可以用琉璃珠代替双向平结，作为这款手绳的活扣。

小家碧玉

制作过程

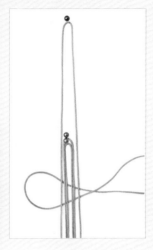

1. 准备四条线，如图摆放好。

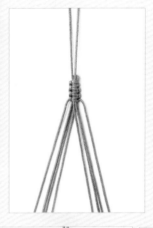

2. 如图，用横向的线编一段双向平结，以固定纵向的线。

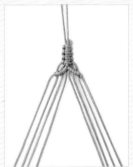

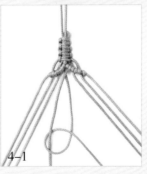
4-1

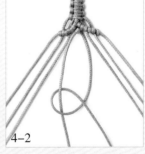
4-2

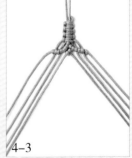
4-3

3. 如图，编斜卷结，形成正"八"字形状。（注意：斜卷结的编法在本书P25"斜卷结"中有详细的介绍，在此不再赘述）

4. 如图，以中间的两条线为一组，编一个斜卷结。

风尚物语：

剔透的玉珠与青色的结绳在色彩上非常搭配，斜卷结的编制则让整个手镯的形状变得优美，既干净清新，又韵味十足。

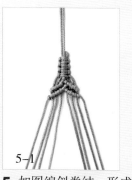

5-1   5-2   5-3

5. 如图编斜卷结，形成美观的图案。

6. 用中间的两条线合穿一颗玉珠。

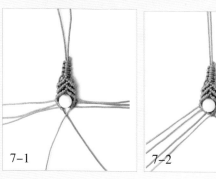

7-1   7-2

7. 围绕玉珠编一圈斜卷结。

8. 如图，用两侧的线穿玉珠。

9. 如图，继续编斜卷结。

11. 两侧各取一条线，以中间的线为中心线编一段双向平结。

12. 剪去多余的线，然后用尾线穿玉珠，另取一条线包住尾线编一段双向平结并处理好线尾。

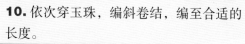

10-1   10-2   10-3

10. 依次穿玉珠，编斜卷结，编至合适的长度。

13. 这样，一款格调清新的手绳就做好了。

玉质金相

风尚物语：

此款项链编结步骤不多，搭配玉坠突出了古朴之美。玉坠所附带的
文化底蕴让项链更添与众不同的魅力，有修身养性、平心静气之用。

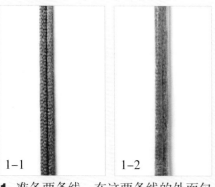

1-1 1-2

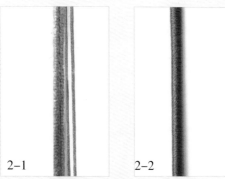

2-1 2-2

1. 准备两条线，在这两条线的外面包一圈双面胶。

2. 另外准备两条线，粘在双面胶的外面（和前面的两条线平行粘在一起），然后在这四条线的外面绕一段股线。

3. 在链绳的中间位置绕一段股线。

4. 在股线的中间位置穿两个绕了股线的线圈，然后用一条绕了股线的线绕在两个线圈之间，再打一个双联结固定，留出尾线。

5. 在链绳的两边分别绕一段股线，然后穿上玉石配件作装饰。

6. 在项链的两端分别绕一段股线，穿一个菠萝结，然后打一个双联结固定，再另外取一条线，包住项链的尾线打平结。

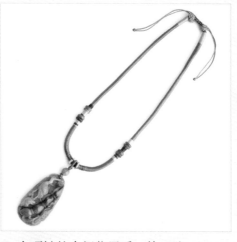

7. 在项链的中间位置系一块玉坠。

亭亭玉立

风尚物语：

此款项链结合玉石坠饰
和配件，显得轻盈灵动，
有脱俗的典雅之美，很
适合女孩子佩戴。

制作过程

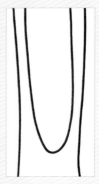

1. 如图，准备三条线。

2. 用两边的线如图合在一起编两个蛇结。

3. 将线分成三组，如图分别编蛇结。

4. 两边分别编蛇结，穿入玉石配件。

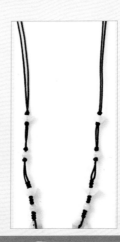

5. 两边分别如图编双联结，穿入玉石配件。

6. 另外取一条线，包住链绳的尾线编一段平结，并在链绳的中间位置系上一块玉石坠饰即可。

编绳饰品之
场合运用

出入平安

风尚物语：

此坠饰精致小巧，可作为手机的挂饰，既保平安又增添趣味。

3. 用其中的一条线如图在垫板上横向绕两个来回，由此开始编一个二回盘长结。

1. 如图，准备一条线，打一个双联结。

2. 准备一块垫板。

4. 用其中的另一条线如图在垫板上纵向绕两个来回。

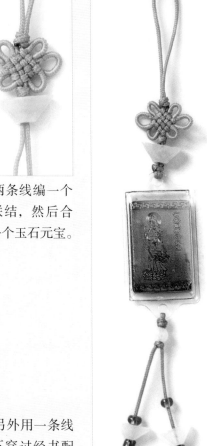

5. 完成二回盘长结接下来的步骤。

6. 从垫板上取出二回盘长结的结体，根据线的走向调整好结形，注意拉出六个耳翼。

7. 两条线编一个双联结，然后合穿一个玉石元宝。

8. 两条线合穿过经书配件上端的孔，然后分别向上包住所有的线编单结并收尾。

9. 另外用一条线向下穿过经书配件下端的孔，然后编双联结，穿玉石珠子，再编蛇结。

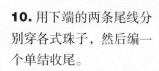

10. 用下端的两条尾线分别穿各式珠子，然后编一个单结收尾。

安安稳稳

制作过程

1. 如图，用包心纽线做成一段扭绳，然后准备一段金线。

2. 用步骤1中准备好的金线如图做一条挂绳，然后用扭绳穿过挂绳再编一个双联结。

3. 用左边的扭绳如图绕出圈①，然后在圈①的上端做一个套。

4. 用左边的扭绳如图做第二个套，并用第二个套套住第一个套。

5. 用右边的扭绳做第三个套，如图将第三个套进到第一个套中。

6. 用右边的扭绳如图绕出圈②。

7. 用右边的扭绳如图穿过第三个套，然后穿过圈①。

8. 用右边的扭绳穿回来，从第三个套穿出来。

9. 如图，调整好结形，拉出左右两个耳翼。

10. 如图，准备一块垫板。

11. 用扭绳在垫板上如图走线，由此开始编一个二回盘长结。

12. 完成一个二回盘长结。

13. 调整好二回盘长结的结形。

14. 仿照步骤 3～9 的做法，再编一个相同的结。

15. 两条纽绳末端分别都穿琉璃珠和系流苏。

风尚物语：

此款饰物结饰优美，颜色素雅，有祥宁之气，寓意和睦安德，适合挂于客厅。

和气致祥

风尚物语：

古人把羊和祥通用，用羊作装饰的图案中就有吉利、祥瑞的意义。用墨绿色绳线穿连一个生肖羊的木雕，选用五彩股线作点缀，打破了墨绿色的单调沉闷。此款饰物适合挂于客厅，希望它带来一生的吉祥平安。

1. 用一条线打一个双联结作为开头。

2. 用股线（五彩股线）从上往下依次在两条线的上面绕三段股线。

［注意：每段股线的长度以及股线之间间隔的距离如下：在距离双联结 1.7 厘米处，绕第一段股线（长约 1.2 厘米）；在距离第一段股线 1.7 厘米处，绕第二段股线（长约 1.5 厘米）；在距离第二段股线 1.7 厘米处，绕第三段股线（长约 1.2 厘米）］

3. 如图，准备一块垫板。

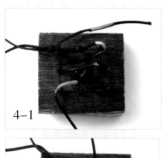

4-1

4-2

4-3

4-4

4. 用这两条线在垫板上打一个二回盘长结。

5. 调整好结形。

6. 合穿一个生肖羊木雕配件，然后打一个双联结固定。在距离双联结约 0.9 厘米处，用股线分别绕一段线（约 1.2 厘米长）。

7. 用绕了股线的线打一个酢浆草结，最后系两条流苏。

制作过程

财源广进

风尚物语：

鱼形玉石配件象征年年有余，
元宝形玉石配件则象征财运。
将此织饰物挂于商业门面既能
起点缀作用，又可新愿生意兴
隆、财源广进。

制作过程

1. 如图，准备一条线。

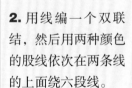

2. 用线编一个双联结，然后用两种颜色的股线依次在两条线的上面绕六段线。

3. 如图，准备一块垫板。

4. 用其中的一条线在垫板上横向走两个来回，由此开始编一个二回盘长结。

5. 用另一条线如图在垫板上纵向走两个来回。

6. 完成二回盘长结余下的步骤。

7. 调整好二回盘长结的结形，拉出六个耳翼。

8. 另外准备一条线，同样用两种颜色的股线在线的外面绕六段线，然后用针穿过这条线，如图穿入盘长结的结体。

9. 用加进来的这条线在盘长结上面穿出双层的耳翼。

10. 如图，形成双线双耳翼的二回盘长结。

11. 准备如图所示的各式配件。

12. 在盘长结的下端穿入各式玉石配件，然后再制作线圈，挂上玉石配件。

13. 如图用线圈将两个玉石配件挂在两边。

14. 用线圈将玉石配件和珠链依次挂在下端即可。

幸福如意

制作过程

1. 如图，准备一条线。

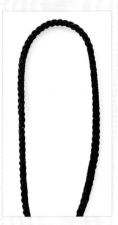

2. 将步骤1中的线对接起来，做成手机挂饰的挂绳。

3. 准备如图所示的各式配件。

4. 将步骤2中做好的挂绳如图穿一个配件，使线的接口藏在配件的内侧。

5. 另外取一条线如图穿过步骤4中的挂绳，然后用这条线穿玉石配件。

6. 在玉石配件下面做一个线圈，穿上一个小玉环。

7. 另外用线分别做两个线圈，如图所示将玉石配件连起来。

8. 仿照步骤 7 的做法，用线做两个线圈，穿上小玉环。

9. 小玉环下面再套一个线圈，注意留出线圈下面的两条尾线。

10. 用线穿玉石配件，然后编蛇结固定。

11. 将三条珠链夹在余下的两条线之间。

12. 用线绑住三条珠链并编蛇结收尾。

风尚物语：

此款配饰造型美观，有佑福之意，适合挂于车上，能给车内增添情趣，保佑出行安全。

时来运转

制作过程

1. 用一条线打一个双联结。

2. 如图，准备一块垫板。

3-1

风尚物语：

美丽可爱的交趾陶狗狗，让人爱不释手，不妨用绳线把它们分别串制成一对包包挂饰，成为爱狗狗的朋友的心爱佩饰。

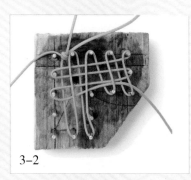

3-2

3-3

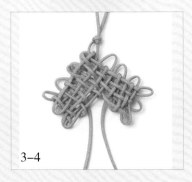

3-4

3. 用两条线在垫板上打一个单翼磬结。

5-1

5-2

5-3

5-4

5-5

5-6

4. 收紧线，调整好单翼磬结的结形。

5. 用针穿一条金线，如图在单翼磬结的两侧分别打两个双钱结，呈蝴蝶形状。

6. 将多余的金线剪掉，然后用两条线合穿一个生肖狗的交趾陶配件。

7. 用两条线依次打酢浆草结和双联结，最后系两条流苏即可。

多
姿
多
彩

制作过程

1. 如图，准备一条线。

2. 如图，准备一块垫板。

3. 用其中一条线在垫板上横向走两个来回，由此开始编一个二回盘长结。

4. 用另一条线纵向走两个来回。

5. 在垫板上完成一个二回盘长结。

6. 调整好盘长结的结形。

7. 用针穿一条线，如图穿入盘长结的结体。

8. 如图，在盘长结上面穿耳翼。

9. 如图，形成六个耳翼，然后剪掉多余的尾线，在盘长结的下面打一个双联结固定。

10. 准备如图所示的琉璃珠子和流苏。

11. 接下来用两条线穿琉璃珠以及编双联结。

12. 用其中的一条线系流苏，用另一条线编单线双联结并收尾。

风尚物语：

此款挂饰颜色丰富，美观大方，能给人带来愉悦的心情，适合佩挂在手机上，让好心情时刻相伴。

姹紫嫣红

制作过程

1. 用红、蓝两种颜色的线对接，然后打一个双联结，注意将两条线的对接处藏在双联结的内侧。

2. 如图，用蓝线在垫板上横向走三个来回。

（注意：三个来回的长度从上至下是逐渐变长的）

3. 如图，用红线纵向走三个来回。

（注意：三个来回的长度从左至右是逐渐变短的）

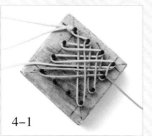

4-1　　　　　4-2

4. 如图，继续用红线横向走三个来回。

（注意：三个来回的长度从上至下是逐渐变短的）

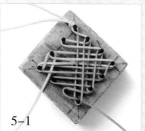

5-1

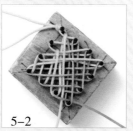

5-2

5. 如图，用蓝线纵向绕三个来回，完成一个四宝三套宝结。

（注意：三个来回的长度从左至右是逐渐变长的）

6. 取出结体，调整好四宝三套宝结的结形，然后在宝结下面添加各式配件，最后打死结收尾。

活色生香

制作过程

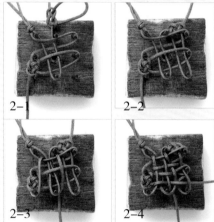

2-1

2-2

2-3

2-4

1. 用一条A玉线打一个双联结，然后在距离双联结3.5厘米处，用两边的线分别打一个双钱结，注意将两个双钱结外侧的耳翼稍拉大一些。

2. 如图，在垫板上打一个二回盘长结。（注意：将双钱结外侧留出的两个耳翼如图绕在铁钉上，与两条线组合完成一个二回盘长结）

3. 调整好结形，分别将两个双钱结调整到盘长结的左右两边，形成漂亮的蝴蝶形状。

4. 在盘长结的下面穿入各式珠子作装饰。

风尚物语：

这款像小人的手机吊饰活泼可爱，能给生活带来更多乐趣，一定会让你爱不释手。

福到运到

风尚物语：

红色的配饰与红色的流苏搭配喜庆吉祥，此配饰适合挂于车内，有福到运到之寓意。

制作过程

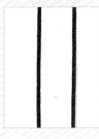

1. 如图，准备两条线。

2. 用两种颜色的股线分别在这两条线的外面绕适当的长度。

3. 将步骤2中的线截成两长四短一共六段线。

4. 将两段较长的线接成两个线圈。

5. 用一段丝带包在两个线圈的外面。

6. 将四段较短的线如图穿过两个较大的线圈，对接成四个线圈。

7. 另外准备一条线，将这条线的两端对接起来，用作这款挂饰的挂耳。

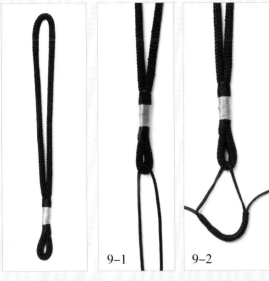

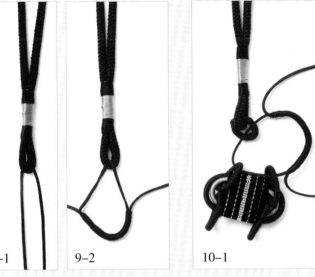

9-1

9-2

10-1

10-2

8. 用股线在挂耳的下端绕适当的长度，注意在股线的下端留出一个圈。

9. 另外用一条线向下穿过挂耳下端的圈，再绕一个圈，然后用股线在圈的外面绕适当的长度，如图做一个线圈。

10. 用一个线圈将挂耳和包了丝带的线圈连接起来。

12-1

12-2

12-3

11. 在包了丝带的线圈的下端连接两个线圈，然后用尾线穿各式配件。

12. 在配件的下端再做两个线圈，然后系上两条流苏。这样，一款简洁大方的车内挂饰就做好了。

龙腾祥瑞

制作过程

1. 用一条线打一个双联结。

2-1

2-2

2-3

2. 在双联结的下端打一个二回盘长结，然后用右边的线在垫板上打一个复翼盘长结，并调整好结形。

3. 仿照前面的做法，用左边的线打一个复翼盘长结。

4. 用打酢浆草结的方法将三个盘长结组合起来。

5. 在结的下端添加一个交趾陶配件，最后再系上三条流苏即可。

风尚物语：

三个盘长结组合在一起，下端配三条一排的渐变色真丝流苏，中间添加交趾陶配件，使整个结充满祥瑞之气，适合挂于玄关处，开门迎福。

编绳饰品之
民风民俗

玉手观音

制作过程

1. 如图，准备一条线和一块垫板，用这条线编一个双联结。

2. 用两条线如图在垫板上走线，由此开始编一个三回盘长结。

3. 继续完成三回盘长结接下来的步骤。

4. 如图，完成一个三回盘长结，然后将盘长结从垫板上取下来。

5. 将三回盘长结的结形调整好，拉出十个耳翼。

6. 用针穿一条金线，如图穿入盘长结的结体。

7. 用金线在盘长结上面走线。

8. 用金线在盘长结的两面编出美观的图案。

9. 准备玉石配件，另外再准备一段细铁丝，用股线在细铁丝的外面绕适当的长度，再将细铁丝塑造成如图所示的形状。

10. 另外准备一条线，用股线在这条线的外面绕适当的长度。

11. 如图，穿玉石珠子，然后用步骤10中绕了股线的线以编左右结的方式绕玉石珠子一圈，再将步骤9中做好的铁丝配件以及玉石观音如图系好。

12. 另外加一条线，如图系在铁丝配件的下端，再穿一颗玉石珠子。

13. 用步骤10中绕了股线的线如图绕在玉石珠子的下端。

14. 最后在下端添加两条流苏即可。

风尚物语：

观音是慈悲与智慧的象征，一直颇受大众的尊敬，人们都喜欢在饰物里加入观音形状的玉石，寄托对生活的美好祝福。

运旺时盛

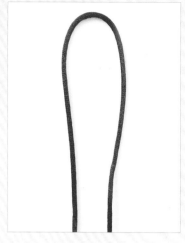

1. 如图，准备一条线。

2. 如图，依次编一个双联结和
两个酢浆草结。

3-1

3-2

3-3

3-4

3-5

3-6

3. 用两条线合穿一颗玉石珠子，然后以左右对称的方式编酢浆草结、双环结。

4. 在玉石珠子的下端编一个酢浆草结。

5. 用下端的两条线分别编一个酢浆草结。

6. 用两条线合在一起编一个酢浆草结和一个双联结。

7. 两条尾线分别都穿玉石珠子和系流苏。

恭贺新禧

制作过程

1. 如图，准备一条线。

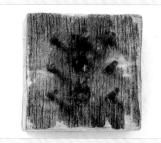

2. 如图，准备一块垫板。

3. 用线编一个双联结作为开头，然后在垫板上如图走线，由此开始编一个二回盘长结。

4. 完成一个二回盘长结。

5. 调整好二回盘长结的结形，拉出盘长结的六个耳翼。

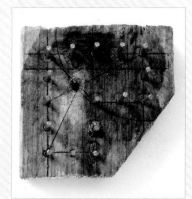

6. 如图，准备一块垫板。

7. 在垫板上如图走线，由此开始编一个复翼磬结。

8. 完成一个复翼磬结。

9. 调整好复翼磬结的结形，如图拉出耳翼。

10. 将两侧的耳翼向上弯折，塞入由二回盘长结两个耳翼做出的圈中。

11. 准备玉石珠子和流苏。

12. 两条尾线分别都穿玉石珠子和系流苏。

风尚物语：

中国人素来习惯在节日的时候传达美好的祝愿，送上喜庆的结饰，热烈地庆祝节日，传达最真诚的祝福，这便是最幸福的时刻。

大吉大利

制作过程

1. 如图，准备一条线。

2. 用这条线的上端留出 8 厘米的长度，然后编一个双联结，再在两侧分别编一个酢浆草结。

3. 准备一块垫板，用这条编绳如图在垫板上走线，开始编一个二回盘长结。

4. 从垫板上取下二回盘长结的结体。

5. 调整好二回盘长结的结形，调整时酢浆草结两侧各留一个耳翼，由此完成一个二回盘长结。

6. 如图，准备一块垫板。

7. 用两条线在垫板上如图走线，由此开始编一个宝门结。

8. 完成一个宝门结。

9. 调整好宝门结的结形，如图拉出耳翼。

10. 将宝门结的两个长耳翼塞入由酢浆草结两个耳翼做出的圈中，然后用尾线打一个双联结。

11. 下端的尾线分别都穿玉石珠子和系流苏。

风尚物语：

人们习惯把一些饰物挂在家中，有吉祥顺利的寓意，是一份寄托，也是对美好未来的期盼。

阖家安康

制作过程

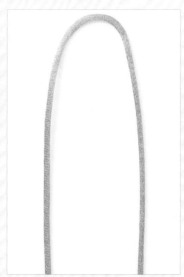

1. 如图，准备一条线。

2. 如图，准备一块垫板。

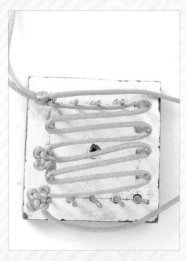

3. 用步骤1中准备好的线编一个双联结作为开头，然后用其中的一条线编两个酢浆草结，并用编了结的线如图在垫板上横向走四个来回，由此开始编一个四回盘长结。

4. 用另一条线编两个酢浆草结，在垫板上纵向走四个来回。

5. 用其中一条线再编一个酢浆草结，然后继续完成四回盘长结余下的步骤。

6. 用另一条线再编一个酢浆草结，同样继续完成余下的步骤。

7. 完成一个四回盘长结。

8. 取出四回盘长结的结体。

9. 调整好四回盘长结的结形，如图拉出四个耳翼。

10. 另外准备一条红线，穿入四回盘长结，在四回盘长结的结体上面穿出四个长长的耳翼。

11. 上面的两个长耳翼向下弯折，下面的两个长耳翼向上弯折，如图与酢浆草结的四个耳翼完成组合。

12. 最后，在这款挂饰的下端添加陶瓷珠子和流苏。

风尚物语：

中国人比较重亲情，希望家庭里面的每个人都健健康康，和和顺顺。全家和乐才是我们心中最大的愿望。

黄
道
吉
日

制作过程

1. 用一条如意扁线编一个双联结，注意在双联结的上端留出8厘米的长度。

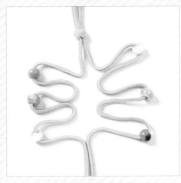

2. 用两条线如图穿珠子，然后绕出六个耳翼，由此开始编一个吉祥结。

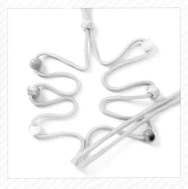

3. 将下端的两条尾线如图向右压在与其相邻的一个耳翼的上面。

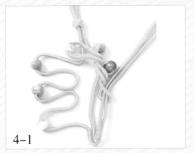

4-1

4-2

4. 把八个方向的线如图按逆时针的方向做挑、压。

5. 将八个方向的线收紧，拉出六个耳翼。

6. 用八个方向的线按逆时针的方向再挑、压一次，完成一个吉祥结。

7. 另外取一条线，穿过吉祥结上端的一个内耳，在中间穿一颗珠子作点缀，再将尾线藏进双联结的结体中间。

8. 两条线如图合穿陶瓷珠子，再编一个双联结。

9. 两条线如图绕出两个耳翼，由此开始编一个吉祥结。

10. 用四个方向的线如图按逆时针的方向做挑、压。

11. 调整好结形，拉出两侧的耳翼。

12. 用四个方向的线按逆时针的方向再做一次挑、压，完成一个吉祥结，然后如图调整好六个耳翼的大小。

13. 尾线下端分别都穿琉璃珠子和系流苏。

风尚物语：

旧时人们对日子十分看重，选定一个好日子办事才更吉利。此款饰物寓意黄道吉日，代表人们对事事顺利的渴望和追求。

福满乾坤

制作过程

1. 如图，准备一条线。

2. 如图，准备一块垫板。

3. 用步骤 1 中的线编一个双联结，然后在两侧编绳上面各编一个酢浆草结。

4. 两条线如图在垫板上走线，由此开始编一个三回盘长结。

5. 完成三回盘长结余下的步骤。

6. 尾线编双联结固定，调整好盘长结的结形，如图拉长两侧的耳翼。

7. 在下端编一个酢浆草结，如图拉出酢浆草结两侧的耳翼。

8. 如图将酢浆草结右边的耳翼弯成一个圈，然后将上面的一个长耳翼从圈中钩出来。

9. 用同样的方法将左边的长耳翼钩出来。

10. 在盘长结的下端编三个双联结，然后用中间的两条线穿一个竹炭配件。

11. 在竹炭配件的下端编三个双联结，然后再依次编一个酢浆草结、双联结以及三回盘长结。

12. 仿照前面的做法，完成酢浆草结与盘长结的组合。

13. 最后用两条线系三条流苏。

风尚物语：

此款饰物以上为天，下为地，中间有"福"相组合，寓意福满乾坤，代表着莫大的福祉。

祥风时雨

风尚物语：

古时人们期望有好收成，因此风调雨顺便成为他们最大的期盼，这是上天的恩泽。于是心中对好时节的期盼化成了手中精致的小饰物。

1. 做好如图一条挂绳，然后用另外一条线向下穿过挂绳，在挂绳的下端编一个双联结，留出尾线。

2. 在双联结的下端编一个单翼磬结。

3. 另外准备一条线，用红色的股线在这条线的上面绕数段线，然后用这条线在单翼磬结的上面编两个酢浆草结和两个双钱结。

4. 如图做两个法轮。

5. 准备四段线和两个二回盘长结。

6. 将步骤5中准备好的四段线对接成四个线圈，将两个二回盘长结如图挂在两个法轮之间。

7. 准备如图所示的各式配件。

8. 用尾线如图穿玉石珠子，向下穿过上面第一个法轮的中心。

9. 尾线先穿大一点的玉石配件，再向下穿过第二个法轮的中心，然后将步骤7中准备好的酢浆草结和流苏系好即可。

制作过程

生肖运程

制作过程

1. 如图，用一条线编一个双联结。

2. 如图，准备一块垫板。

3. 如图，用其中的一条线在垫板上纵向走三个来回，然后编一个双环结。

4. 用另一条线如图在垫板上横向走三个来回，然后编一个双环结。

5. 完成三回盘长结接下来的步骤。

6. 编一个双联结固定，调整好结形，如图拉出耳翼。

7. 依次穿入交趾陶、编双联结。

8. 两条线如图编酢浆草结和双联结。

9. 最后在下端系三条流苏。

春华秋实

制作过程

1. 如图,准备一条线和一个挂耳。

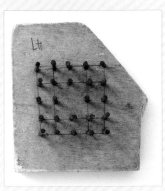

2. 如图,准备一块垫板。

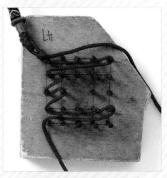

3. 将线穿过挂耳下面的圈并打一个双联结,用其中的一条线如图在垫板上走线,由此开始编一个回形盘长结。

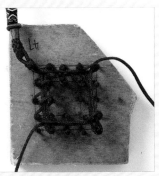

4. 用另一条线如图在垫板上继续走线。

5. 完成一个回形盘长结。

6. 调整好回形盘长结的结形。

7. 另外准备一条线,用橘色和浅紫色的股线在上面绕十四段线,然后用针穿过这条线并穿入回形盘长结的结体中。

9-1　9-2　9-3　9-4

8. 如图，在回形盘长结的上面穿出一个耳翼和一个酢浆草结。

9. 如图，形成八个耳翼和两个酢浆草结。

11-1　11-2　11-3

10. 准备好如图所示的各式配件。

11. 如图，编一个双联结，再做线圈将玉石配件串起来。

12. 准备一个盘长结和两条流苏。

13. 做一个线圈，将盘长结和流苏系起来即可。

风尚物语：

春天开花，秋天结果，勤劳的中国人民相信一分耕耘一分收获，因果相连。想要得到更好，那就更努力一点吧。此款饰物可被视为对勤劳、奋斗的赞美。

鱼跃龙门

制作过程

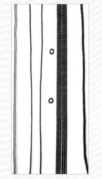

1. 如图，准备四条线、两个线圈和一段丝带。

2. 将线平行合在一起，做成一条挂绳，然后在挂绳的外面套入两个线圈，再粘上适当长度的双面胶。

3. 用股线和丝带绕在双面胶的外面，用一条线穿过挂绳下面的圈，打联结固定并留出线尾。

4. 如图,准备一块垫板。

5. 用其中的一条线如图在垫板上横向走三个来回，由此开始编一个三回盘长结。

6. 用另一条线如图在垫板上纵向走三个来回，继续完成三回盘长结接下来的步骤。

7. 如图，完成一个三回盘长结。

8. 调整好三回盘长结的结形，拉出四个耳翼。

9. 如图，用针穿过一条绕好黄色股线的线，穿入三回盘长结的结体。

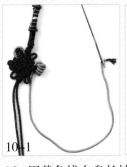
10-1

10-2

10-3

10-4

10-5

10. 用黄色线在盘长结的上面绕出耳翼和图案。

12-1

11. 如图，用两条线系一块玉石配件。

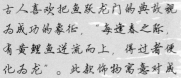
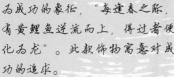
12-2

12. 准备如图所示的各式玉石配件。

13. 另外用线做线圈，如图将各式玉石配件串好。

14. 另外用线编一个三回盘长结，如图与两条流苏完成组合，然后用绕了黄色股线的线穿入盘长结的结体，在上面穿出五个耳翼。

15. 在玉石配件的下端添加步骤14中做好的盘长结和流苏。

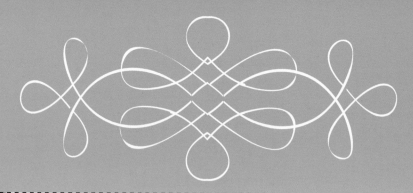

Part 5
编绳饰品的
欣赏与品鉴

守护一生

编结：酢浆草蝴蝶结

风尚物语：此款饰物如一个小人儿一般给予陪
伴的温暖，传递着彼此守护一生的誓言。此刻，
你的眉头舒展开了，我的心也暖了。

潇洒随性

编结：复翼盘长结

风尚物语：此款饰物尽管没有添加任何配件作装饰，却随性潇洒，呈现率真的个人风格，非常适合追求个性的年轻人。

茗香丝韵

编结：双联结、酢浆草结

风尚物语：茶壶有艺术的美感，很多人钟爱收藏茶壶，这是一种对茶道的欣赏，也是一种悠然自得的心境。此款茶壶形状的陶瓷饰物，气韵自在其中。

步步莲花

编结：双联结、酢浆草结

凤尚物语：莲花出淤泥而不染，至清至纯，为佛教八宝之一，也寓意渐入佳境，怀有莲花般纯净的心念，愿善始能善终。

童心未泯

编结：双联结、酢浆草结、双钱结

风尚物语：此款饰物活泼可爱，陶瓷配件上的孩童更是透出天真无邪的味道，使整个饰物生动有趣，一瞬间便把我们带回到了那个无忧无虑、夏蝉声声的童年。

生如夏花

编结：双联结、雀头结、平结

风尚物语：温婉莹洁的莲花项链，是温柔女子的美丽配饰，既显自然纯净又呈魅力无限，不经意间的一颦一笑就如同夏花般绚烂多姿。

风华绝代

编结：斜卷结、平结

风尚物语：斜卷结编制的项链凹凸有致，富有层次感，加上点睛的玉珠配件，更加美妙绝伦。

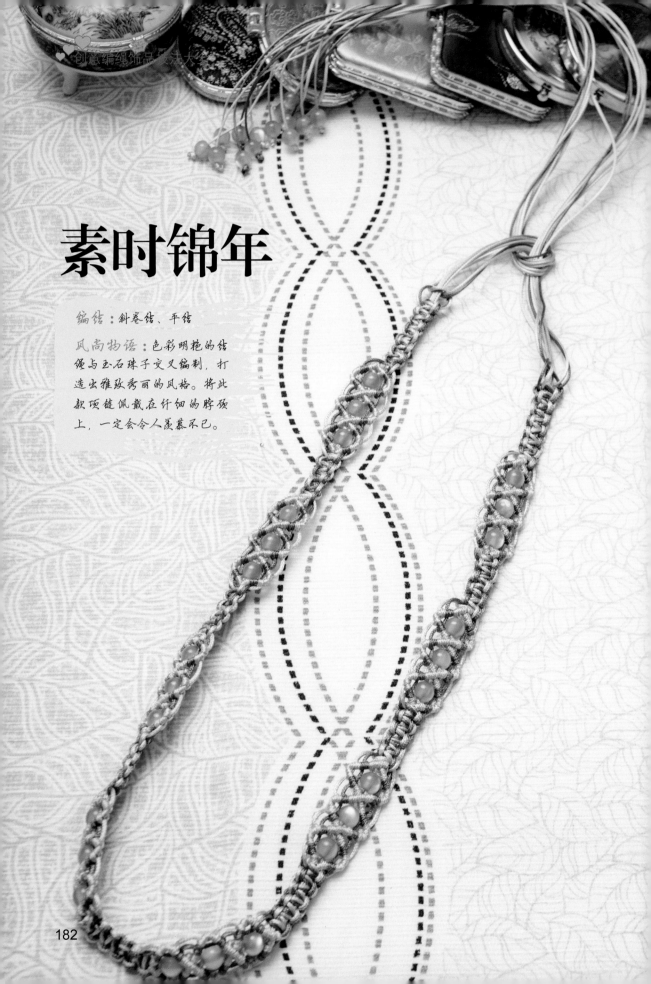

素时锦年

编结：斜卷结、平结

风尚物语：色彩明艳的结绳与玉石珠子交叉编制，打造出雅致秀丽的风格。将此款项链佩戴在纤细的脖颈上，一定会令人羡慕不已。

滴翠流转

编结：两股辫、金刚结、郦浆单结

风尚物语：此款项链是单一的
绿色结缆，绿得清新，绿得柔情。
选一个天气晴朗的日子，带上它
去赴一场大自然的"约会"吧。

前程似锦

编结：双联结、酢浆草结、表带结

风尚物语：此织饰物色泽艳丽，编结美观，适合挂于客厅，寓意前程顺风顺水、光明美好，是对璀璨未来的向往。

创意编绳饰品技法大全

184

龙马精神

编结：双联结、五边菠萝扣

风尚物语：印刻有形似龙的图案的玉石配件与结绳的韵致相匹配，戴上它你就能感觉到一股精气神，使人更加精神抖擞，气度不凡。

舞衫歌扇

编结：如意扇

风尚物语：扇形的结体既别致又有韵味，加上莹润的玉石，不管挂在哪里都是一道亮丽的风景线。

花开富贵

编结：双联结、团锦结、单结

风尚物语：把花开寓意富贵，
代表人们对美满幸福、富有和高
贵的向往。佩戴此款饰物，使人
在举手投足之间流露出东方女性
温婉含蓄的传统之美，更使好运
相随。

图书在版编目（CIP）数据

创意编绳饰品技法大全 / 陈瑶编著.—杭州 ： 浙
江科学技术出版社，2017.5
ISBN 978-7-5341-7360-8

Ⅰ．①创… Ⅱ．①陈… Ⅲ．①绳结－手工艺品－制作
Ⅳ．①TS935.5

中国版本图书馆CIP数据核字（2016）第297840号

书　　名	创意编绳饰品技法大全	
编　　著	陈　瑶	

出 版 发 行　**浙江科学技术出版社**
　　　　　　　杭州市体育场路347号　　邮政编码：310006
　　　　　　　办公室电话：0571-85176593
　　　　　　　销售部电话：0571-85062597　0571-85058048
　　　　　　　E-mail：zkpress@zkpress.com

排　　版	广东炎焯文化发展有限公司	
印　　刷	杭州锦绣彩印有限公司	
经　　销	全国各地新华书店	

开　　本	787×1092　1/16	印　张	12
字　　数	150 000		
版　　次	2017年5月第1版	印　次	2017年5月第1次印刷
书　　号	ISBN 978-7-5341-7360-8	定　价	45.00元

责任编辑　王巧玲　仝　林　　　**责任美编**　金　晖
责任校对　陈淑阳　　　　　　　**责任印务**　田　文
特约编辑　胡燕飞